城市地下综合管廊

CHENGSHI DIXIA ZONGHE GUANLANG ZHIHUI GUANLI GAILUN

智慧管理概论

毕天平　常春光　著

中国电力出版社
CHINA ELECTRIC POWER PRESS

内容提要

本书共分7章，全面介绍了城市地下综合管廊智慧管理的时代背景，从软件工程的角度论述了城市地下综合管廊智慧管理的需求分析，设计思想，智慧管理系统架构，详细的设计方案、项目实施方案和功能构成。本书内容丰富、图文并茂，尤其注重对实践知识的运用和指导，为读者快速学习城市地下综合管廊的智慧管理提供了全方位的帮助。

本书可作为城市地下综合管廊管理人员和从事地下综合管廊科学研究、工程设计、信息化管理等部门的技术人员参考用书，也可为从事城市地下综合管廊智慧管理软件开发的工程师提供借鉴。

图书在版编目（CIP）数据

城市地下综合管廊智慧管理概论 / 毕天平，常春光著 .—北京：中国电力出版社，2021.2
ISBN 978-7-5198-5127-9

Ⅰ.①城… Ⅱ.①毕… ②常… Ⅲ.①智能技术—应用—市政工程—地下管道—管道工程—工程管理 Ⅳ.① TU990.3-39

中国版本图书馆 CIP 数据核字（2020）第 211230 号

出版发行：中国电力出版社
地　　址：北京市东城区北京站西街 19 号（邮政编码 100005）
网　　址：http://www.cepp.sgcc.com.cn
责任编辑：霍文婵
责任校对：黄　蓓　于　维
装帧设计：王红柳
责任印制：吴　迪

印　　刷：北京雁林吉兆印刷有限公司
版　　次：2021 年 2 月第一版
印　　次：2021 年 2 月北京第一次印刷
开　　本：787 毫米 ×1092 毫米　16 开本
印　　张：6
字　　数：106 千字
定　　价：36.00 元

综合管廊（也称“共同沟”“共同管道”），就是城市地下管道综合走廊，即在城市地下建造一个隧道空间，将各种地下管线集于一体，设有专门的检修口、吊装口和监测系统，实施统一规划、统一设计、统一建设和统一管理，是保障城市运行的重要基础设施和“生命线”。2015 年，李克强总理多次强调推进城市地下综合管廊建设的重要性。地下综合管廊建设是国家重点支持的民生工程，既是国家固定资产拉动内需新的着力点，又可以扩大公共产品供给，提高新型城镇化质量，打造经济发展新动力，成为稳增长、调结构、惠民生的新支点。

《全国城市市政基础设施规划建设“十三五”规划》提出：把握城市发展趋势，提升市政基础设施智慧化水平和绿色发展水平，有序推进综合管廊建设，至 2020 年年底全国城市道路综合管廊配建率力争达到 2% 左右，建成一批布局合理、入廊完备、运行高效、管理有序，具有国际先进水平的地下综合管廊并投入运营。目前，我国城市地下综合管廊已在 31 个省、直辖市和自治区中的 167 个城市进行建设和投入运行。在大规模推动城市地下综合管廊工程中，新技术、新方法、新设备、新理念不断涌现并应用到管廊工程中，智慧型管廊建设是代表我国综合管廊建设领域技术进步的发展趋势。

为进一步贯彻落实国务院和住建部加强城市综合管廊建设的相关要求，合理布局综合管廊，集约利用城市地下空间，逐步提高城市综合管廊配建率，因地制宜推进城市地下综合管廊建设，健全入廊，积极推广应用智能化管理技术，计划出版城市地下综合管廊智慧管理系列书籍。本书以国内首条全程盾构挖掘的地下管廊——有“中华第一廊”之称的沈阳市南运河地下综合管廊工程为实际样例，结合地理信息系统（GIS）技术、建筑信息模型（BIM）技术、物联网（IOT）、人工智能（AI）技术，建设智慧管廊运维管理平台，以期待为各个城市的管廊建设提供借鉴和技术参考。本书可为建筑业、市政工程，尤其是地下工程领域的管理者、技术人员，相关科研院所和高校的学生提供技术参考。本书受辽宁省自然科学基金项目（编号：2019-ZD-0659）和辽宁省科学技术计划项目（编号：2018416027）的资助。

沈阳建筑大学的研究生赵小伟、曾雪、敖齐、刁显喆、周菲、杨笑笑等参与了本书的校核工作，在此表示感谢！

由于编者水平有限，书中疏漏在所难免，诚恳广大读者提出宝贵意见。

编 者

2020.5

目 录

1 概　　述

1.1 研 究 背 景

1.1.1 管廊工程建设的时代需求

城市综合管廊也称地下市政综合管沟、共同沟、共同管道，将电力、热力、燃气、给排水等各种工程管线集于一体，实施统一规划、统一设计、统一建设和统一管理，是保障城市运行的重要基础设施。

我国正处在城镇化快速发展时期，地下基础设施建设滞后。长期以来，我国各种管线的布置方式多以直埋方式置于地下，在扩能、改造、维修时，常常要对路面或绿地进行破坏，不仅造成很大的经济浪费，而且给车辆、行人、居民造成不便。另外，在城市各类管网管理模式上，则是各自为政、互不通气，管线排布失序，以至于施工、维修中相互干扰、破坏。因此，提升管线布置方式和转变管理模式的任务刻不容缓、势在必行。推进城市地下综合管廊建设，统筹各类市政管线规划、建设和管理，可以逐步解决“马路拉链”“空中蜘蛛网”等问题。城市地下综合管廊可充分利用城市地下空间，提升城市安全运转品质，实现城市可持续发展。

地下综合管廊建设管理工作，不仅是单纯的建设，还伴随着后期复杂的运行管理问题。建设可以是一次性的，管理却是贯穿地下综合管廊整个生命周期的。如何有效提高地下综合管廊管理能力、保障管廊投入使用后常年安全稳定地运行，是地下综合管廊投入使用后迫切需要面对和解决的问题。因此，需要充分利用现代先进设备和技术，实现高度自动化、信息化、集中化的管理，以物联网、互联网、地理信息、大数据、无线通信等热门技术为依托，建设高科技含量的地下综合管廊管理系统。充分发挥现代科学技术在保障地下综合管廊安全运行和应急管理方面的优势，建成智慧化、现代化的城市地下综合管廊。以切实可行的管理模式和完备的管理制度为保障，进一步确保地下综合管廊的安全，充分发挥智慧管理的优势，是城市地下综合管廊建设管理的趋势。

近年来，国务院、住房城乡建设部、国家发展和改革委员会等先后多次发布关于综合管廊建设的指导意见，表明国家对综合管廊建设的关切。2016 年，全国完成了开工建设城市地下综合管廊2000km以上的工作部署。2017年，李克强总理在《政府工作报告》中提出“持续提升基础设施支撑能力，加快地下综合管廊建设”。建设地下综合管廊，既是拉动有效投资的着力点，又可以增加公共产品供给，提高城市安全水平和城镇化发展质量，打造经济发展新动力。政府从政策层面给予管廊建设以足够的支持力度。这些政策在现实中起到助推剂的作用，为其今后一段时间迅速发展打开了良好的局面，奠定了坚实的基础。综合管廊建设政策支持见表1.1。

表1.1 综合管廊建设政策支持

年份	相关机构或部门	提出的政策	相关政策内容
2014	国务院办公厅	《关于加强城市地下管线建设管理的指导意见》	2015年年底前完成城市地下管线普查。建立管线管理信息系统。严格实施城市地下管线规划管理，推进城市地下综合管廊建设
2015	住房城乡建设部	《城市地下综合管廊工程规划编制指引》	做好城市地下综合管廊工程规划建设工作，为地下综合管廊建设提供更完善的规范。在管线入廊分析等多方面做出详细描述
2015	国务院办公厅	《关于推进城市地下综合管廊建设的指导意见》	推进城市地下综合管廊建设，城市规划区范围内的各类管线原则上应敷设于地下空间。已建设地下综合管廊的区域，该区域内的所有管线必须入廊
2016	国务院	《关于进一步加强城市规划建设管理工作的若干意见》	认真总结推广试点城市经验，逐步推开城市地下综合管廊建设，统筹各类管线敷设，综合利用地下空间资源，提高城市综合承载能力，确保管廊正常运行
2016	住房城乡建设部	《关于提高城市排水防涝能力推进城市地下综合管廊建设的通知》	有序推进城市地下综合管廊和排水防涝设施建设，科学合理地利用地下空间，充分发挥管廊对降雨的收排、适度调蓄功能。鼓励支持社会资本参与城市地下综合管廊和排水防涝设施建设
2017	住房城乡建设部、国家发展和改革委员会	《全国城市市政基础设施规划建设“十三五”规划》	根据规划将综合管廊工程作为市政基础设施重点工程纳入其中。截至2017年12月，我国国家级综合管廊试点城市已达25个，且各城市管廊建设均处在探索推进、有序发展的阶段

1.1.2 管廊管控信息化的实际需求

城市地下综合管廊智慧管理是以信息技术的飞速发展，GIS、BIM、Big Data技术在国内外不同领域，尤其是在城市建设领域得到广泛应用并取得良好效果，以及我国开展的城市综合管廊工作的迫切需要作为背景和前提。

地下综合管廊建造在城市道路下面，将燃气、供水、电力、通信、热力等多种市政管线集中在一体，管廊的安全运行及应急处置显得尤为重要，传统信息化管理模式已无法满足综合管廊快速发展的需求。与此同时，住房城乡建设部发布了《城市综合管廊工程技术规范》（GB 50838—2015），要求管廊综合监控信息管理系统设计应包括安全防范子系统、消防子系统、环境与设备监控子系统、通信子系统、预警与报警子系统等。通过管廊智能化管控系统的建设，实现了物物相连、信息共享和交换功能，解决了地下综合管廊项目全生命周期全阶段数据链断链及管理低效的问题，实现了城市地下综合管廊可视化、信息化、集成化的智慧管理。

建筑信息模型（building information modeling，BIM）是以建筑工程项目的各项相关信息数据作为基础，建立起三维的建筑模型，通过数字信息仿真模拟建筑物所具有的真实信息。它具有信息完备性、信息关联性、信息一致性、可视化、协调性、模拟性、优化性和可出图性八大特点，将建设单位、设计单位、施工单位、监理单位等项目参与方集中于同一平台上，共享同一建筑信息模型，有利于项目可视化、精细化建造。BIM技术为地下管线的运维公司、权属单位和监管部门提供设施快速定位、维修计划生成、专业数据分析和图表报告生成等服务功能。考虑平台功能的全面性、BIM数据标准支持度和BIM应用软件用户普及程度，基于BIM的城市地下综合管廊信息管理平台应支持国际IFC和主流BIM应用软件的模型数据文件，能读取和管理不同BIM软件创建的管廊模型。其中，Revit软件最适合设计阶段的BIM绘制，该软件包括Architecture、Structure和MEP三个工具，是BIM应用软件体系中使用最广泛的软件之一。常见的城市地下综合管廊信息管理平台建设中地下综合管廊三维实体建模主要采用Revit软件。

地理信息系统（geographic information system，GIS）是一种计算机的工具，可以支持整个或者部分地理空间信息数据的采集、存储、分析和处理。随着城市化进程的不断加快，城市空间格局发生变化、城市人口不断增长、资源不断减少等问题的出现给智慧城市的建设施加了巨大的压力。三维地理信息系统（3D geographic information system，3DGIS）作为未来GIS技术发展的重要方向，基于空间数据库技术，面向从微观到宏观的海量三维地理空间数据的存储、管理和可视化分析应用，支持大范围的空间数据集，从而可以用于支持对大规模工程的协同分析和共享，是目前国内外地下综合管廊信息管理的主流技术手段。3D GIS多用于智慧城市建设中的多个方面，尤其是智慧管网，其强大的可视化分析管理能力实现了城市地下综合管廊信息管理从二维到三维的跨越，实现了地下综合管廊的三维空间浏览与分析。20世纪90年代，空间数据3D可视化就成为业界研究的热点，首先是美国推出的Google Earth、Skyline、World Wind、Virtual Earth、ArcGis Explorer等软件，我国也紧随推出了EV-Globe、GeoGlobe、VRMap、IMAGIS等软件。3D GIS得到了广泛行业用户的认同，例如，在城建、交通、能源、军工、地下管网等领域备受青睐。

大数据（big data），是指无法在可容忍的时间内用传统IT技术和软、硬件工具对其进行感知、获取、管理、处理和服务的数据集合。大数据的特点可以总结为体量浩大、模态繁多、生成快速和价值巨大。2013 年，美国政府投资 2 亿美元启动“大数据研究与发展计划”，将大数据比喻为“未来的新石油”，并且把对大数据的研究上升为国家层面，这必将对未来的科技与经济发展带来深远影响。中国科学院院士赵鹏大认为人类已进入“大数据”时代。大数据技术为收集、储存、管理、分析和共享综合管廊相关数据提供了有效的技术手段。

国家“十三五”规划中强调开展地理信息系统与建筑信息模型融合（GIS+BIM）的关键技术研究。BIM 技术具有详细表达建筑物内部基础属性信息的优势，因此多被用于城市建筑规划分析、空间优化、管网建设等多个方面。而 3D GIS 比较侧重于城市建设中的建筑、道路、河流及相关基础设施的外部几何描述信息，多用于解决城市建设中的信息技术问题。为了改变我国目前地下管网的管理现状，消除信息壁垒，建立各系统之间数据信息的交换和传递机制，实现项目从规划建设到运营维护全生命周期内实时的信息共享，BIM 技术和 3D GIS 技术的结合是智慧管网精细化和快速可视化建设不可或缺的环节，是智慧城市的发展趋势。现阶段两者的结合，不仅具有重要的研究价值，同时也具有一定的现实意义。BIM 与 3D GIS 的集成主要体现在技术方面：一方面两者的数据库管理和图形图像处理等技术具有相似性，这为实现 BIM 与 3D GIS 的可视化功能提供了较好的基础；另一方面两者数字信息处理方式相同，可以转换成在统一标准下的数字化数据，可将 BIM 数据导入 3D GIS 中，也可将 3D GIS 数据导入到 BIM 中，成为彼此的数据源，可实现对施工场地的合理化布置，以及选择最佳的物料运输路线。BIM 能够对建筑内部的信息进行三维可视化管理，并从建筑的设计、施工到运营等阶段进行统一化、标准化的管理，贯穿建筑全生命周期，解决以往各专业各自为战的情况，对各专业进行协同管理。统一的 BIM 和标准可以完整地记录整个建筑的建设数据，对其信息进行集中管理，这会为后期建筑资料的管理和存档提供便利。此外，BIM 还可以为后期建筑的智能化运营提供最基本的模型平台。3D GIS 管理区域空间，或者管理宏观空间。可以理解为，BIM 是对城市建筑的微观管理，3D GIS 是对城市的宏观管理，包括建筑、土地、城市基础设施、交通设施、绿化等，不过其是通过体量的方式对建筑进行管理的，更多是对电子二维图纸的管理。总体来说，3D GIS 是管理建筑外部的信息，BIM 是管理建筑内部的信息。建筑业界习惯性称 IFC（工业基础类）为 IFC 标准，它是 IAI（国际协同联盟）创建的一个标准名称。IFC 标准数据文件具有很好的平台无关性，是一种具有自我描述能力的中立数据文件，不会因为一些与此相关软件系统的弃用而造成信息的流失。现在大部分的 BIM 软件都宣布启用 IFC 标准，采用 IFC 标准数据交换接口。不同的 BIM 信息可以转换为具有统一标准的 IFC 标准数据文件，这样就可以使建筑产品拥有同一数据模型，然后以 IFC 标准格式进行数据流通。本文以实现管廊工程的精细化管理和智能化控制的迫切需要作为背景和前提。将智慧管理手段应用在城市地下综合管廊的建设中，必将会提高综合管廊的综合效益，同时加速推进其进一步发展。一套高效、智能的综合管廊管理体系，可为综合管廊的信息化管理提供相应的技术支持，为地下综合管廊的安全运行、应急处置提供有力保障。

1.2 研究目的和意义

1.2.1 研究目的

随着城市建设的高速发展，传统信息化管理模式已无法满足综合管廊快速发展的需求，寻求一种规范、自动、科学、高效的管理手段成为管廊信息化发展的新目标，以提升综合管廊信息化管理水平为前提，通过 BIM、GIS 等新技术进行研究。将宏观领域的 GIS 技术与微观领域的 BIM 技术集成起来，通过关键技术的突破，完善通用接口标准体系。亟须构建一个基于 BIM+GIS 的管廊智慧信息管理系统，从而更好地促进管廊信息化管理过程的标准化和规范化，实现综合管廊的精细化管理和智能化监控。

1.2.2 研究意义

“十三五”规划中明确提出，开展建筑信息化模型与地理信息系统融合（BIM+GIS）关键技术。BIM 技术与 GIS 技术集成充分结合了各自优点，为城市的建筑规划、设计、管理带来了技术的革新。BIM 技术提供了大量细节丰富、精细化程度高的城市建筑模型数据，GIS 技术满足了在地理环境下城市三维立体空间的可视化分析应用。两者的融合可完善建筑业全生命周期的信息化管理，实现城市建筑体从几何到语义特征综合表达的转变，为城市现代化建设提供科学决策依据。

通过搭建智慧管廊运维管理平台，将综合管廊设计、施工、运维全过程数据的采集、处理、表达、分析集成于一体，保证了城市地下综合管廊的安全运行，实现城市地下综合管廊的信息管理可视化、设备操控远程化、运维管理数据化及应急管理智能化。管廊监控中心保证了智慧管廊的“监、管、控”，远程管理不同区域的管廊运维，保证管廊管线环境的安全，使管理更便捷、更有效、更节约、更环保。

（1）我国智慧管廊将呈现跳跃式的发展趋势，为大数据在智慧管廊监控中心的应用提供了前所未有的发展机遇。

在加快推进新型城镇化的大背景下，为了更好地统筹城市与地下空间综合开发利用，我国开始推进城市地下综合管廊建设。城市地下综合管廊建设已经成为我国今后地下管线综合管理的重要手段，针对城市地下综合管廊管理的一体化、智能化、集成化，管理平台将成为后续智慧管廊发展的重点方向。

当前，世界正在迎来以绿色、智能和可持续为特征的新一轮的科技革命、工业革命和产业革命，以物联网、云计算、大数据为代表的新一代信息技术的迅速发展，为城市信息化向更高阶段的智能化发展带来新的契机。通过大数据挖掘技术来实现对海量数据的存储、计算与分析，将形成具有更强的决策力、洞察力和流程优化能力的海量、高增长和多样化的数据资产。智慧管廊大数据应用将对政府和运营单位及权属单位的管理、决策、服务能力，以及管廊规划、研究、建设、运营产生革命性的深远影响。

（2）智慧管廊监控中心有效提升行业管理及决策能力。随着大数据等技术的成熟，各城市信息化建设的重心将逐步从信息技术（IT）向数据技术（DT）转化，从以流程为中心向以数据为中心转化，未来信息化建设的重心将是对内外部的数据进行深入、多维、实时的挖掘和分析，以满足决策层的需求，推动行业信息化向更高层面进化。智慧管廊大数据分析与应用能够为政府、运营企业和权属单位提供准确的、全方位的综合数据分析及决策支持服务。

1.3 国内外研究现状

1.3.1 国外研究现状

1. 国外综合管廊建设现状

综合管廊推广发展的轨迹是由西向东，最早的综合管廊工程建设出现在法国巴黎，随后在英国、德国、西班牙、瑞典、芬兰等欧洲国家开始建设，到20世纪，城市地下综合管廊才传入亚洲。国外城市地下综合管廊的发展相对来说较成熟，建成规模大，管线种类较为综合。

（1）法国。1833年，巴黎诞生了世界上第一条地下综合管廊，管廊内容纳了自来水、通信、电力、压缩空气等市政公用管道。经过百年探索、研究、改良和实践，其技术水平已完全成熟，在国外的许多城市得到了极大发展，并已成为国外发达城市市政建设管理的现代化象征和城市公共管理的一部分。迄今为止，巴黎市区及郊区的综合管廊总长已达2100km，堪称世界城市里程之首。法国制定了在所有有条件的大城市中建设综合管廊的长远规划，为综合管廊在全世界的推广树立了良好的榜样。

（2）英国。1861年，伦敦在市区兴建综合管廊，采用12m×7.6m的半圆形断面，除收容自来水管、污水管、瓦斯管及电力、电信管外，还敷设了连接用户的供给管线。英国与法国类似，早期以下水道建设为主，迄今伦敦市区建设综合管廊已超过22条。

（3）德国。1893年，德国在西德汉堡市的Kaiser-Wilheim两侧人行道下方兴建450m的综合管廊，收容暖气管、自来水管、电力管、电信缆线管及煤气管。通过研究分析其他国家建设综合管廊的经验与教训，汉堡市创新设计管廊，考虑了综合管廊的引入、引出功能，在街道两侧人行道外侧规划设计了引出预留口，使建筑物用户管线可以在预留口处与综合管廊直接相连，极大地增加了管线入廊的灵活机动性，此项创新进一步促进了城市地下综合管廊的发展。至 1970 年，德国共完成 15km 以上的综合管廊并开始营运，同时也拟定在全国推广综合管廊的网络系统计划。

（4）美国。美国自 1960 年开始研究建设城市地下综合管廊。美国最具代表性的地下管廊是纽约市从東河穿越的隧道，总长度达 1554m，收容了 345kV 输配电力缆线管、电信缆线管和自来水线管。随着综合管廊推广应用和规划建设的经验积累，在 20 世纪美国不断推进建设，现已逐步形成了比较完善的地下综合管廊系统。

（5）日本。1926 年，日本千代田开始规划建设第一条城市地下综合管廊。日本最先在国家层面对综合管廊建设进行了《综合管廊实施法》的立法工作。自 1973 年起，日本规划建设城市地下综合管廊突飞猛进，在横滨、古屋、仙台等大城市全面开发建设，并且逐渐形成管廊网络，在诸多方面彰显优势：方便维修、减灾防灾、美化环境。因此，日本各大中城市规划建设综合管廊的普及率迅猛高涨，在短期内，日本全国管廊建设总里程超过 300km。至 2018 年，日本已有 80 多座城市兴建了 2057km 的城市地下综合管廊。

2. 国外综合管廊智能管控系统研究现状

国外管廊工程的概念与建设相对起步较早，经过多年的实践与应用，技术已经相对成熟完善。目前，欧美国家对于 BIM 技术和 GIS 技术的应用较为深入，并且也取得了不错的效果，见表 1.2。

表 1.2　　国外综合管廊智能管控系统理论研究

论文题目	研究者	年份	研究成果	主要研究内容
Data sharing and interoperability issues in model-based facilities management systems	El-Ammari K H	2006	搭建基于虚拟现实的建筑设备三维可视化物业管理平台	将 IFC 与物业管理需求相结合，利用 Ifcxml 继承和共享建筑设计与施工阶段的模型，建立了实用于管理的建筑设备模型
BIM Facility Management on Utility tunnel	Szu-Min Kang, Yayu Tseng, Richard Moh	2014	综合管廊工程的全寿命周期阶段进行了相应研究	对管廊建设中的设备进行集成化管理，借此提高 BIM 技术在管廊工程中的应用方式，加强管廊工程的可靠性与实用性

续表

论文题目	研究者	年份	研究成果	主要研究内容
Project Cost Estimation of National Road in Preliminary Feasibility Stage Using BIM/GIS Platform	Park T, Kang T, Lee Y, et al	2014	使用云计算作为BIM应用程序的云BIM集成平台	将远程服务器与Web服务应用结合用于BIM信息的交换，使终端用户异步实现多项服务
Developing mobile-and BIM-based integrated visual facility maintenance management system	Lin Y.C, Su Y. C	2013	开发了一套基于BIM的移动管理系统	为设施管理人员开发了一套基于BIM的移动管理系统（BIMFMM），实现了设施管理的可视化、实时化
Project Cost Estimation of National Road in Preliminary Feasibility Stage Using BIM/GIS Platform	T. Park, T. Kang	2014	BIM在地下综合管廊建设的可行性研究，并运用GIS确定合适的管廊路线	运用BIM技术和GIS技术建设地下综合管廊，实现地下管廊的三维可视化，提升管控水平
Enhancing productivity by using Building Information Modeling applications in pipeline construction projects	Guduru Penusila, Harsha Vardhan Reddy	2016	BIM对在建管廊的建设管理进行研究	凭借三维可视化技术制定了工程的施工方案，检查二维传统设计图中的错误，提高施工效率

1.3.2 国内研究现状

我国的城市综合管廊建设经过几十年的酝酿，到2015年才开始井喷式的发展，是有其历史和社会背景的。下面通过介绍综合管廊在我国的发展历程，重点分析其在建设管理、规划设计、施工和运营管理等方面的建设发展现状，详细阐述我国综合管廊建设的重大技术进展，并预测其未来的发展趋势，以对我国综合管廊建设做一个全面的梳理。

1.3.2.1 建设发展历程

1. *发展阶段*

我国的城市综合管廊建设，从1958年北京市天安门广场下的第一条管廊开始，经历了4个发展阶段：

（1）概念阶段（1978年以前）。国外的一些关于管廊的先进经验传到我国，但由于特殊的历史时期使城市基础设施的发展停滞不前，同时由于我国的设计单位编制较混乱，几个大城市的市政设计单位只能在消化国外已有的设计成果的同时摸索着完成设计工作，在个别地区（如北京和上海）开展了部分试验段。

（2）争议阶段（1978～2000年）。随着改革开放的逐步推进和城市化进程的加快，城市基础设施建设逐步完善和提高，由于局部利益和全局利益的冲突，管线综合的实施极其困难。在此期间，一些发达地区开始尝试进行管线综合，建设了一些综合管廊项目，有些项目初具规模且正规运营起来。

（3）快速发展阶段（2001～2010年）。伴随着城市经济建设的快速发展及城市人口的膨胀，为适应城市发展和建设的需要，结合前一阶段消化的知识和积累的经验，我国的科技工作者和专业技术人员针对管线综合技术进行了理论研究和实践工作，完成了一大批大中城市的城市管线综合规划设计和建设工作。

（4）赶超和创新阶段（2011～2017年）。由于政府部门的强力推动，在做了大量调研工作的基础上，国务院连续发布了一系列的法规，鼓励和提倡社会资本参与到城市基础设施特别是综合管廊的建设上来，我国的综合管廊建设开始呈现蓬勃发展的趋势，大大拉动了国民经济的发展。从建设规模和建设水平来看，我国已经超越欧美发达国家成为综合管廊建设的超级大国。

（5）有序推进阶段（2018年至今）。自2018年以来，我国综合管廊的建设进入了有序推进阶段，要求各个城市根据当地的实际情况编制更加合理的管廊规划，制订切实可行的建设计划，有序推进综合管廊建设。

2. 发展规模

经过前期漫长的概念和争议阶段，以及在东部沿海和华南地区经济发达城市的不断摸索，我国相继建设了大批管廊工程。截至2015年年底，我国已建和在建管廊长度达1600km；在国家为了提振经济发展速度、加快供给侧改革的政策鼓励下，2016年完成开工建设2005km，2017年完成开工建设2006km；按照当时的发展规划，此后一直到“十三五”末每年均以近2000km的规模发展，最终将超过10000km的规模，我国将成为名副其实的城市综合管廊建设的超级大国。

3. 政策法规

早在2005年，建设部在其工作要点中提出，研究制定地下管线综合建设和管理的政策，减少道路重复开挖率，推广共同沟、地下管廊建设和管理经验；同时，在2006年“城市市政工程综合管廊技术研究与开发”作为国家“十一五”科技支撑计划开展课题研究；后来为了配合城市综合的建设，国家相继颁布了一系列的政策法规，从规划编制、建设区域、科技支持、投融资、入廊收费等方面提出了详细的指导意见，对我国的综合管廊建设起到了极其重要的推动作用。

4. 建设标准

在管廊建设的高潮到来之际，标准规范的制定却远远滞后。目前正式颁布的标准仅有《城市综合管廊工程技术规范》（GB 50838—2015）和《城镇综合管廊监控与报警系统工程技术标准》(GB/T 51274—2017)。综合管廊建设的标准体系正在不断完善当中。

1.3.2.2 建设发展现状

1. 建设模式的发展

最早的综合管廊建设主要分为 3 种类型:

(1)为了解决重要节点的交通问题,如北京天安门广场和天津新客站综合管廊项目。

(2)为了特定区域的功能需要,如广州大学城、上海世博园等项目。

(3)为了城市的发展需要,以及为了探索综合管廊建设经验而建的项目,如上海张杨路等项目。由于综合管廊的建设特点,后来出现了诸多工程总承包(EPC)模式和个别建设—移交(BT)模式建设的综合管廊项目,如海南三亚海榆东路综合管廊 EPC 项目、珠海横琴管廊 BT 项目,这些约占总项目数量的 10%。

2014 年,《国务院关于创新重点领域投融资机制鼓励社会投资的指导意见》(国发〔2014〕60 号)中提出,积极推动社会资本参与市政基础设施建设运营,其中鼓励以 TOT(移交—运营—移交)的模式建设城市综合管廊。但在这项措施还没有定论的时候,紧接着《国务院办公厅关于推进城市地下综合管廊建设的指导意见》(国办发〔2015〕61 号)提出,以 PPP 模式大力推进综合管廊建设。之后大量建设的综合管廊项目基本上都采取 PPP 模式,约占总项目数量的 75%。

2. 规划设计的发展

近几年综合管廊建设项目的数量越来越多,建设规模也越来越大,给规划设计带来了严峻的挑战。虽然涌现出很多成功的案例,但规划设计的总体状况是任务不少、规划不严、规范不足,防水不一。具体体现在以下几个方面:

(1)任务饱满,人员不足,水平参差不齐。自 2015 年以来,综合管廊项目数量迅猛增加,设计任务饱满,但从事综合管廊设计的单位和设计人员严重不足,设计水平也有待提高;除了上海市政工程设计研究总院(集团)有限公司、北京城建设计发展集团股份有限公司等较早开展综合管廊规划设计的设计单位外,其他市政及各大建筑设计单位纷纷扩充人员,加强培训,相继进入管廊市场。

(2)上位规划缺失使综合管廊规划无据可依。在城市综合管廊规划的上位规划中,城市总体规划带有很强的行政特点,同时很多城市的整体规划亟待修编;仅有少数几个城市有地下空间规划、片区控制规划、轨道交通规划、管线专项规划、道路建设规划等,有的城市根本没有,有的容量不足;加之建设指标层层下达,造成了城市综合管廊规划无据可依、分散孤立、建设无序。

(3)标准化体系没有建立,标准化尚有很远的路要走。已经颁布实施的《城市综合管廊工程技术规范》(GB 50838—2015),在具体实施时非常困难,特别是原来直埋环境下的各自的管线施工验收规范在综合管廊环境下是否适用值得推敲。另外，断面设计标准化、节点设计标准化、附属设施标准化、防水设计标准化，在综合管廊建设中极其重要，但此项工作任重而道远，它需要大量的工程设计实践和大量的人力投入，否则只能为了标准而建立标准。

（4）防水设计是否合适争议很大。规范规定城市综合管廊本体使用寿命为100年，考虑使用环境的问题，将防水等级设计为二级。但基于已运营项目渗漏水现象严重（占50%～60%），且管廊内管线特别是电信、电力管线对防水的要求比较高，防水质量如何保证目前存在很大争议。

3. 运营管理的发展

国内管廊建设起步较晚，直到2015年才开始大规模的建设，近几年建设的管廊项目都还未进入全面运营管理期，运营管理方面的总体状况是经验不足、法规不全、平台不专、标准不一。具体体现在：

（1）目前尚无成熟的经验可以借鉴。虽然我国目前的管廊建设规模居世界之首，但是最近几年建设的管廊都未进入运营管理期，以前建好的项目大都运营状况不好，因此，在运营管理方面尚无成熟的经验可以借鉴。特别是2016年以来，随着管廊建设的蓬勃发展，政府和央企更多地关注于立项和中标，没有精力研究合理的规划设计和高效的运营管理；同时，建设规模的过度增长，以及运营管理人员的极度缺乏都给运营管理带来了极大的困难。

（2）收费模式及违约责任尚无法可依。经过多年的努力，管线入廊难的问题基本已经解决，但是收费难的问题仍在困扰着目前的PPP项目公司。这也是SPV公司与管廊租赁使用的管线产权单位利益博弈的焦点。

（3）智慧运营管理的标准严重缺乏。目前在综合管廊后期运营管理的热点问题就是智慧管理，但是对于智慧管理的理解没有一个统一的认识。在当前急需的附属系统特别是监控报警系统方面还没有一个统一的标准，使各地政府对管廊的监控运维标准的要求各不相同，给PPP项目公司决策带来困难，也使下游的软、硬件企业无所适从。

（4）真正的智慧管理平台还没有出现。管廊建设的蓬勃发展，需要更加智慧的管理平台。虽然目前很多军工、航天、煤矿等领域优秀的监控报警企业纷纷转向管廊的智慧管理，特别是在传感器、自动巡检、数据收集、虚拟技术、管控平台等方面都出现了一些优秀代表，但是真正基于BIM技术和GIS技术的全生命周期智慧管理平台还没开发出来，实现智慧管理的技术手段尚有待突破。

1.3.2.3 典型工程及指标记录

经过几十年的建设实践，我国的综合管廊建设规模及数量已经超过了欧美发达国家，成为管廊的超级大国，也涌现出一些典型的案例，见表 1.3。

表 1.3　　国内综合管廊典型工程案例

工程名称	建设时间	容纳管线	主要特征
天安门广场管廊	1958		我国第一条综合管廊
上海张杨路管廊	1994	电力、通信、给水、燃气	我国第一条较具规模并已投入运营的综合管廊
广州大学城管廊	2003	电力、通信、供水、燃气等	国内已建成并投入运营，单条距离最长，规模最大的综合管廊
中关村西区管廊	2003	燃气、电信、电力、上水、热力	国内首个已建成的管廊综合体、入廊管线最多、规模最大的项目
上海世博园管廊	2009	电力、电信、自来水等	国内系统最完善，技术最先进，法规最完备，职能定位最明确的一条综合管廊
横琴综合管廊	2016	电力、通信、给水、中水、供冷、真空垃圾	在海漫滩软土区建成的国内首个成系统的综合管廊，国内首个获鲁班奖的综合管廊
十堰市管廊	2017	给水、雨水、污水、中水、电力、通信、广播电视、燃气、热力、直饮水、真空垃圾	国内施工方法最多，节段预制尺寸最大，首个矿山法隧道管廊
厦门综合管廊	2017	给水、中水、电力、通信、污水、雨水	采用双舱节段预制装配技术
绵阳科技城集中发展区管廊	2018	电力、通信、给水、污水（局部段入廊）、燃气等并预留中水管	国内首个全部采用预制装配的管廊项目，且规模最大
沈阳南运河段管廊	2019	电力、通信、给水、中水、供热、天然气	国内首个全部采用盾构施工的管廊项目

2 需 求 分 析

2.1 规 划 需 求

随着城市综合管廊建设的规模不断增大，对综合管廊的安全运行、事故预防也提出了更高的要求。综合管廊是城市的生命线，为保证综合管廊安全、可靠地运行，就需要设置一套完善的综合监控系统。对综合管廊综合监管的要求如下：

（1）规范和指导城市地下综合管廊工程规划编制工作，提高规划的科学性，避免盲目、无序建设。

（2）管廊工程规划应根据城市总体规划、地下管线综合规划、控制性详细规划编制，与地下空间规划、道路规划等保持衔接。

（3）编制管廊工程规划应以统筹地下管线建设、提高工程建设效益、节约利用地下空间、防止道路反复开挖、增强地下管线防灾能力为目的，遵循政府组织、部门合作、科学决策、因地制宜、适度超前的原则。

《国务院关于加强城市基础设施建设的意见》（国发〔2013〕36 号）提出：在全国 36 个大中城市全面启动地下综合管廊试点工程；中小城市因地制宜建设一批综合管廊项目，新建道路、城市新区和各类园区地下管网应按照综合管廊模式进行开发建设。《国务院办公厅关于推进城市地下综合管廊建设的指导意见》（国办发〔2015〕61 号）中对管廊建设做了统筹规划。《城市综合管廊工程技术规范》（GB 50838—2015），对监控系统设计提出了明确要求。综合监控系统能够全面实现管廊内环境监测、设备监控、灾害报警和安全防范等功能，为管廊运行提供准确的信息和动态管理的数据，对地下综合管廊突发事件的处置提供决策依据，为管廊的安全运行及管理提供了技术保证。

综合管廊系统需求分析需考虑的因素如下：

（1）城市功能因素。综合管廊作为国内刚刚兴起的市政设施，服务于周边的地块，可以起到集约用地、减少二次开挖的作用。综合管廊应建设在城市中心区或交通运输繁忙、重要，且不宜开挖的地段，所以综合管廊应优先考虑在城市中心区或重要的产业区布置，以便充分发挥优势。对城市中心区内各组团的用地功能和空间布局的分析，重点考虑城市规划新区及老城区的高密度开发区布置综合管廊，这些区域的管线维修或扩容改造都将造成巨大的社会影响，社会成本高。

（2）建设位置与道路等级因素。综合管廊尽量考虑在新建道路下方布置，或者选择在需改、扩建道路下方布置，以便在道路的建设或改、扩建过程中，一次性建设综合管廊，做到资源的合理配置；同时，综合管廊的布置应与路网建设相匹配，确定在哪些道路下布置综合管廊对该区域的辐射性能最优。该道路与各支路的关系，通过管廊接入到地块或支路的管线是否方便快捷都是需要考虑的因素。尽量选择交通量较大、道路断面较宽的区域和主要道路，以满足综合管廊的建设需求。

（3）规划管线因素。综合管廊的布置形式很大一部分取决于规划的管线种类，综合管廊规划内考虑容纳的管线有给水管线、电力管线、通信管线、燃气管线及污水管线。

1）给水管线。给水管线为压力管，主管口径较大，由于圆形截面管道的特殊性会使综合管廊的断面过大，经济效益差，因此将口径在 1m 以下的给水支管纳入综合管廊。

2）电力管线。电力管线可分为高压（110kV 及以上）管线和中压（10kV 及以下）管线。110kV 及以上的高压管线一般采用架空线和电缆沟（或电力隧道）2 种布置形式，在城市外围会选用架空线形式，在城市内选用电缆沟（或电力隧道）形式。上海、杭州、武汉等大城市近年来陆续将市区内一些老的架空线路入地，新建的高压线路全部采用电力隧道的布置形式。10kV 及以下的中压管线大部分采用电缆沟的布置形式。综合管廊工程规划时将所有的电力管线纳入其中。

3）通信管线。通信管线目前大部分为光纤管线，占用的空间小，适合纳入综合管廊。

4）燃气管线。中压燃气管线为压力管，且管径较小，纳入综合管廊需要单独设舱，并设置燃气报警器等设施；高压燃气管线涉及安全问题暂缓纳入综合管廊。

5）污水管线。污水管线一般为重力流管线，纳入综合管廊需要单独设舱。

（4）地下空间利用因素。

1）地下空间布局规划。根据城市总体规划和地下空间利用规划，对居住区，商业、公建、医疗、教育用地，城市道路、广场，城市交通枢纽的地下空间开发做了相关规定，综合管廊的平面布局与之相结合。

2）地下空间功能规划。根据城市地下空间的使用情况和城市地面用地性质的不同，城市地下空间的功能具体表现为民防功能、商业功能、交通集散功能、停车功能、市政设施功能和商业仓储功能等。地下空间的功能与地面功能不同，呈现出不同程度的混合性，具体分为以下 3 个层次：

a. 综合功能区。表现为“地下商业＋地下停车＋交通集散空间＋其他＋公共通道网络”的功能，主要分布在中心城区商业、商务较为集中的区域，包括新老城区的商业副中心。

b. 混合功能区。表现为“地下商业＋地下停车＋其他”的功能，主要分布在城市中心区外围、区级商业中心，以及其他客运交通换乘枢纽等区域，包括各分区的商业中心。

c. 单一功能区。表现为简单的地下停车、地下人防或地下仓储等，相互之间连通不做强制性要求，主要分布在中心城区混合功能区与综合功能区以外的区域。

3）地下空间竖向规划。包括道路地下空间、建筑地下空间、特殊用地（城市绿地、广场）地下空间的竖向分层模式，主要分为以下几种情况：

a. 道路地下空间的竖向分层规划模式。

b. 城市绿地地下空间的竖向分层规划模式。

依据各分区产业结构特点，以及地下空间重点开发片区规划情况，考虑综合管廊主要服务于商业和居住用地，结合用地性质，确定城市综合管廊主要分布在浅层空间。

2.2 运 维 需 求

城市综合管廊必须实现智能化，突出安全监控管理，设置综合管廊运维管理系统，才能发挥巨大的社会效益。智慧管廊运维管理平台应由综合管理、管廊监控（含管线）、管廊运维、大数据分析等部分组成。综合管理平台集成建筑信息模型（BIM）、地理信息系统（GIS）的功能，满足智慧城市的建设要求；应用GIS技术和BIM技术，提供管廊位置、内部结构、附属设施，以及廊内管线的浏览、查询、统计和漫游等服务的三维平台支撑；统筹管理空间数据、安全预警与监管数据、应急处置数据等主数据及主题数据，提供数据共享服务，实现综合管廊的三维可视化管理，实现管廊要素动态数据的查询访问，并为管廊的应急决策提供依据。

管廊监控系统应包含在线监测、安全监管与预警、应急处置等系统，主要内容包括环境监控、设备监控、安全防范监控、消防监控、管线监控，提供可视化管理界面、状态查看、设备控制及报表等服务。管廊运维主要分两部分，即管廊自身运维（包含管廊本体和附属设施）、入廊管线运维，应包含运营维护及巡检管理等系统，提供管廊日常维护功能，以及管廊人员、设备、任务等方面的管理；通过前端监测数据实现隐患排查、事故预防、事中处理、事后分析。大数据分析应包括综合管廊运行状态、入廊管线运行状态、应急指挥、资源调度等方面的大数据。

2.2.1 管廊环境与设备监控需求

城市地下综合管廊属于半封闭的地下空间，内部不但设置了各类机电设备，而且承载了各类市政专业管线，内部环境较为恶劣。实现对廊内实时环境信息、机电设备运行状态及参数等全方位的在线监控，保障管廊本体和入廊管线的正常、安全、稳定运行，同时为入廊作业人员提供一个安全、舒适的工作环境是对综合管廊监控与运维管理系统的最基本要求。

2.2.2 入廊作业人员监控管理需求

综合管廊内定期会有工作人员对管廊本体进行巡检维护，不定期有入廊管线公司安装维修人员进入管廊对专业管线进行维护检修，由于综合管廊长度较长，人员巡检内容多且时间长，因此实现与入廊作业人员的实时通信，对其进行实时定位追踪也是对综合管廊监控与运维管理系统的基本要求。

2.2.3 日常运维管理需求

从管廊的全生命周期来看，运维管理需要的时间多数超过90%。在日常管理方面，系统首先应满足信息查询、故障告警、资产与设备台账管理、人员值班交班计划安排及管理、报表生成及打印、权限管理、系统维护和诊断等基本管理需求；其次，在满足基本管理需求的基础上还应具备综合集成管理能力，实现环境与设备监控系统、安全防范系统、语音通信系统、智能机器人巡检系统、火灾报警系统等所有现场监控子系统的数据融合、分析和处理。在运维管理方面，系统应做好巡检计划、保养计划、维修计划编制，巡检维护工单生成、自动派发、结果追溯，运维巡检情况统计分析与报表等。

2.2.4 应急处理需求

综合管廊是各类管线的公共环境，要考虑单种管线在综合管廊发生事故的可能性，如水管爆裂、电缆起火等。因此，综合管廊监控与运维管理系统应具备应急处理功能和流程，当廊体或管线发生事故时，能及时发现事故、定位事故、评估事故影响范围并按照既定的应急联动控制策略，控制相关机电设备动作，有效保护管廊本体其他部分或其他运行管线不受影响。

2.3 设 备 需 求

（1）安全防范监控区域控制单元。包括：

1）摄像头。

2）防爆摄像头。

3）红外对射探测报警器。

4）电子井盖。

5）电子井盖配电箱。

6）井盖支架。

7）夜光型地点卡。

（2）环境监控区域控制单元。包括：

1）O_2、H_2S、CH_4 气体探测器。

2）O_2、CH_4 防爆气体探测器。

3）温湿度检测仪。

4）防爆温湿度检测仪。

5）侧装浮球液位开关。

（3）通信区域控制单元。包括：

1）语音终端。

2）防爆工业电话。

3）无线基站（AP）。

2.4 数据需求

（1）数据类型和流程。系统数据具有多源性，其主要数据类型有 GIS 信息数据、BIM 模型数据、养护信息数据、运营信息数据、文档视频数据和城市公共服务信息数据等。系统拟对数据进行建立、搜集、整合，并由 BIM+GIS 作为载体；将信息数据分为几何信息数据和其他信息数据进行关联处理，运用互联网、物联网等技术分享给不同用户。

（2）系统数据更新与共享。为实现多方数据共享、协同管理服务，系统拟提供一个标准的数据接口服务，将各种不同格式的数据转换为统一格式。系统的数据转换原理是将源数据中的空间几何数据与属性数据分离，分别导入空间数据库及属性数据库。这样在网络发布数据时，只传递空间数据库中的空间信息，用户需要查看属性数据时，再从属性数据库中获取相关信息，从而可减少网络数据留置，保证浏览效率。

2.5 性能需求

系统硬件设备的选择要求实用、可靠，兼顾考虑升级及兼容和扩展的能力，以适应技术进步、功能拓展、系统扩容、资源共享及其他管理功能的需求变化。关键设备具有 7×24h 连续运行的可靠性，关键设施采用适当的冗余技术，保证个别设施临时推出时基本不影响或很少影响整个系统的正常运行，以确保系统整体的正常使用。例如，沈阳市南运河地下综合管廊工程体上将达到以下技术指标：

（1）运用微软 NET 平台开发，实现 Web 端和移动端的应用。

（2）基于 XML 的信息处理技术，实现国际通行的信息标准化。

（3）采用分布事务处理技术与异构多库应用集成技术。

（4）采用应用服务器的运行、管理与调度技术，实现多层应用体系，系统的可维护性好、伸缩性强。

（5）运用 GIS+BIM 技术，实现综合管廊养护管理（简称管养）信息的可视化管理。

（6）运用 Internet 技术，信息传递更灵活、快捷。

（7）管理综合管廊基础数据，提供快速的数据检索功能并记录综合管廊主体结构及入廊管线变化历史。

（8）记录完整的综合管廊养护、验收记录。

3 设 计 思 想

3.1 设 计 依 据

按照国务院和住建部下发的文件，在三家设计院设计图纸的基础上，结合《沈阳市地下综合管廊（南运河段）工程用户需求书》，依据国家相关规范、标准编制沈阳市地下综合管廊（南运河段）智能监控报警与运维管理系统设计方案。具体依据包括：

《建筑设计防火规范》（GB 50016—2014）

《供配电系统设计规范》（GB 50052—2009）

《爆炸危险环境电力装置设计规范》（GB 50058—2014）

《自动化仪表工程施工及质量验收规范》（GB 50093—2013）

《火灾自动报警系统设计规范》（GB 50116—2013）

《数据中心设计规范》（GB 50174—2017）

《综合布线系统工程设计规范》（GB 50311—2016）

《智能建筑设计标准》（GB 50314—2015）

《建筑物电子信息系统防雷技术规范》（GB 50343—2012）

《安全防范工程技术标准》（GB 50348—2018）

《入侵报警系统工程设计规范》（GB 50394—2007）

《视频安防监控系统工程设计规范》（GB 50395—2007）

《出入口控制系统工程设计规范》（GB 50396—2007）

《电子会议系统工程设计规范》（GB 50799—2012）

《城市综合管廊工程技术规范》（GB 50838—2015）

《城镇综合管廊监控与报警系统工程技术规范》（GB/T 51274—2017）

《计算机场地通用规范》（GB/T 2887—2011）

《入侵和紧急报警系统 控制指示设备》（GB 12663—2019）

《线型感温火灾探测器》（GB 16280—2014）

《爆炸性环境用气体探测器》（GB/T 20936—2017）

《公共安全视频监控联网系统信息传输、交换、控制技术要求》（GB/T 28181—2016）

《安全防范工程程序与要求》（GA/T 75—1994）

《安全防范系统验收规则》（GA 308—2001）

《视频安防监控系统技术要求》（GA/T 367—2001）

《仪表配管配线设计规范》（HG/T 20512—2014）

《可编程序控制器系统工程设计规范》（HG/T 20700—2014）

《民用建筑电气设计规范》（JGJ 16—2008）

《监控报警系统弱电系统图 -0711.dwg》（北京城建设计研究院有限责任公司）

《监控与报警系统系统图》（辽宁省交通规划设计研究院）

《ZHGL-06-02-01-00-SS-RD-01A～88A.dwg》（天津市市政工程设计研究院）

3.2 设 计 原 则

智慧管廊运维管理平台应兼顾管廊安全、可靠运行，构建适合于综合管廊目前和未来发展需要的管理信息平台架构，保证其体系架构和应用框架能构建在具有远期发展规划的应用平台基础上。系统各项设计应遵循以下原则：

（1）可靠性。系统运行稳定、可靠，全年无间断运行。为满足系统设备 7×24h 的连续运行，系统设计时选用可靠性设备，除了对重要的控制节点采用先进的高新技术来保障外，还对系统的冗余能力、解决问题能力有充分的保障。

（2）安全性。采用多种手段，确保设备、数据、系统的安全，保证信息传递的及时、准确，提高整个系统的抗干扰能力和抗破坏能力。

（3）稳定性。采用多种手段和措施，保障设备、数据、系统的稳定运行，具有一定抵抗外界干扰的能力。

（4）可维护性。系统所采用的产品易操作、易维护。监控系统对各子系统综合监控、集中管理，提供友好的中文应用操作界面。系统对硬件设备、软件进程、日志记录等提供实时程序化的监控管理。

（5）先进性。信息技术尤其是软件发展迅速，新概念、新体系、新技术的相继推出，这就造成了新技术、先进技术和成熟技术之间的矛盾。而大规模、全局性的应用系统，其功能和性能要求具有综合性。因此，系统建设在设计理念、技术体系、产品选用等方面要求具备先进性和成熟性的统一，以满足系统在很长的生命周期内有持续的可维护性和可扩展性。

（6）可扩展性。稳定、可靠的平台基础为整个系统提供充分的可扩展空间。

1）硬件系统的可扩展能力。系统的硬件具备对接入设备的扩展能力，保证其在统一的技术原则下向后的扩展兼容。

2）软件平台的技术扩展性。应用软件平台独立于操作系统和数据库系统，具备依靠操作系统和数据库系统的技术发展而进行升级的能力。

（7）高性价比。系统设计力求合理的配置和高性价比，同时也要保障系统获得及时有效的技术服务。

1）系统设计。符合国家相关规范和要求。管廊智能化管理系统的建设要符合（但不限于）设计图纸及《城市综合管廊工程技术规范》（GB 50838—2015）等相关规范的要求。

2）系统建设。

a. 软件平台应将各个智能化子系统进行有效地集成与整合，避免信息孤岛，使数据能够在统一的管理平台上进行充分地交互。

b. 系统建设可考虑自然灾害、突发事故等因素，对数据存储进行异地备份，以便灾害过后系统的迅速重建。

c. 系统建设应做到绿色节能。

d. 系统建设宜使用通用的通信协议，支持其他管理系统的集成和二次开发，系统应具有较强的兼容性。

3）系统软、硬件。

a. 设备选型应充分考虑性价比，同时兼顾建设成本及运维成本。

b. 系统的软、硬件采用模块化、组态化设计，并考虑未来不断增加的需求，预留充分的空间与接口，具有较强的可扩展性。

c. 软件编程、硬件设置、管线敷设合理，安装、调试、维护方便。

d. 硬件设备须适应管廊环境，保障设备的良好运行，以此确保系统的可靠性。

（8）实用性。系统建设时要充分考虑系统的实用性。开发出的系统必须自然、易操作，满足养护管理行业的习惯；从业务上讲，需遵照养护管理业务规范；同时，要考虑养护系统涉及的地域广、人员多等因素；系统设计时必须考虑其可维护性和管理性，应能保证系统在运行过程中出现故障时能够快速、准确地定位和排除，同时使系统具备远程维护的能力。软件界面应简单、美观，容易理解、掌握。

（9）兼容性。系统的体系结构应与其他现有系统实现数据交换，在设计上实现对其他系统的兼容。

（10）开放性。开放性是现今计算机技术发展过程中形成的一种建立大系统、扩大系统交流范围的技术原则。系统建设的开放性是指系统架构的开放性、连接的开放性、协议的标准性及应用的开放性。

3.3 设计目标

智慧管廊运维管理平台设计遵循“超前规划，适度预留，稳定可靠，易于扩展，功能分散、信息集中”的原则，结合目前成熟领先的一体化综合监控设计理念，运用计算机网络技术、智能控制技术、多媒体技术、软件开发技术，同时采用先进的信息采集与获取、信息传输与管理、信息展示与利用的设计理念，提供先进并科学的综合管理机制和联动控制机制，实现对综合管廊进行集中监控及信息查询的功能，以实现整个管廊监控系统的一体化综合集成、智能控制的目标。

综合监控系统将逐步从单管廊独立监控，经历多管廊独立监控、上下级联式监控，最终形成以云计算、云存储、物联网技术为核心的城市综合管廊云计算中心，打通数据孤岛，实现集中控制、资源共享。针对综合管廊监控系统的发展趋势，整个智慧管廊运维管理平台建设有以下目标：

（1）基于专业全面的智慧市政体系架构设计，以网络为纽带，以云计算和物联网技术为基础，以监控中心硬件建设为支撑，构建集管线监控、环境监控、设备监控、安全防范监控等于一体的综合管廊信息管理平台，形成加强地下管廊的智能化管理，实现安全监控综合化、应急处置高效化，提升地下管廊的安全监控、预警及应急处置能力，全力支撑综合管廊管理。

（2）在建设综合监控系统时同步建设数据中心，通过梳理各个部门之间需要协同共享的数据，形成业务主题数据标准，由数据中心对这些数据进行统一管理和维护，并以服务的方式向各应用系统提供数据共享服务，实现数据的充分共享，打破信息孤岛，为智慧管廊运维管理业务的协同互联提供基础支撑。

（3）面向综合管廊运营单位，兼顾政府和各权属单位，建立综合管廊运维标准流程，全力打造集综合管廊日常巡检、资产设备、管线养护和档案管理为一体的运营管理系统平台。

4 智慧管理系统架构

4.1 系统设计理念

系统设计采用一体化综合监控理念，产品选用环境适应化理念，结合管廊内湿度大、灰尘多、电磁干扰强等复杂环境，对管廊现场使用的产品进行集成管理和优化，提高整个系统的可靠性、稳定性。系统进行产品化建设，使产品在管廊现场稳定性大大提高，降低维护成本；技术平台、技术工艺达到标准化，更易于维护人员掌握和学习，从而使管廊运维更加便捷。智慧管廊运维管理平台产品适应化设计主要有以下几个方面：

（1）针对管廊使用环境，选用核心适应产品。产品具有高集成度、高可靠性等特点，完全适应管廊特殊环境。

（2）各子系统搭建现场使用模拟环境测试及子系统满载实际接入一体化测试，增加系统可靠性。

（3）外购产品选型都经过严格测试筛选并经现场实际环境测试合格后作为系统产品使用。

（4）精细设计，解决工程化难题，如设备防水、防尘及防腐处理。

4.2 系统特点

智慧管廊运维管理平台的设计与建设充分考虑系统的先进性、实用性、可靠性、灵活性、可维护性、性价比，以及综合管廊现场的实际情况，应主要具有以下特点：

（1）设计标准。系统设计符合《城市综合管廊工程技术规范》（GB 50838—2015）的规定。

（2）产品化设计。系统设计针对管廊特殊环境，选用集成性高、防护等级高（IP66以上）的核心设备，具有高集成度、高可靠性及高适应性。

核心产品应通过管廊现场模拟测试环境验证及系统满载实际接入一体化测试验证，确保工程现场交付顺利、应用可靠（安装在天然气舱的设备具有防爆性能）。

（3）模块化、积木式结构。监控系统设计完全适应不同地方、不同阶段对监控内容的个性化要求。

（4）高度开放，兼容并包。监控系统向下开放，可兼容第三方设备和系统；向上开放，支持通用的接口协议，可接入更高一级监控系统，以及智慧城市平台。

（5）控制方式灵活可靠。系统有远程控制、就地自动、就地手动三种控制模式，即使通信中断也不会影响联动控制。

（6）界面友好真实。系统支持三维 GIS、图形化、虚拟化的实景展示，给运维人员带来身临其境的真实体验，提高响应速度和运维水平。

（7）通信环网可靠高效。系统各子系统优先采用以太网接口，通过光纤环网传输数据，提高数据交换与系统联动效率。

（8）物联网架构。系统支持云计算、大数据等技术应用，预留智慧城市接口，支持向智慧城市平滑升级。

4.3 系统功能

智慧管廊运维管理平台建设主要实现以下功能：

（1）系统具有与其他监控平台或者上一级监控平台、智慧平台进行通信的功能。

（2）系统具有很强的可扩展性，预留数据和功能接口，便于后期系统的升级和新功能的接入。

（3）系统具有高度的开放性，能够兼容第三方设备、系统，采用国内外主流的接口协议，预留足够的扩展接口，以适应未来工程建设发展的需要，并且具有负荷均担的功能，避免随着监控规模的增加而使系统崩溃。

（4）系统具有图文报警、声光报警、短信报警、语音播报等功能。

（5）系统及设备可以全天候 7×24h 不间断地连续运行。

（6）系统可实时监测管廊环境（包括气体监测、温 / 湿度监测）、视频图像等各系统状态数据及相关信息。管廊环境监测进行树形结构管理，管理设备能够显示相应的实时数据报表，报表可导出或打印。

（7）系统具有视频监视与控制功能，能够对管廊内部环境、设备间、管廊出入口等处实时全方位的图像监控。系统支持按不同分区显示视频实时监控画面，支持本地视频回放和历史录像回放，支持历史视频资源查询。

（8）软件平台实现环境监控系统、视频监控系统及风机、照明、水泵、电动阀门等的相关联动，控制策略可根据客户的要求增减。

1）当管廊内环境温度、湿度和有毒有害气体浓度升高超过门限时，监控系统将自动打开相应分区的风机，进行强制换气。

2）正常工况下，水泵依照集水井的水位变化自行启动和停止；排水泵同时支持监控平台远程操作控制，并支持就地操作控制。

3）当液位传感器发生水位超限报警时，系统自动联动视频监控系统，打开相关区间的照明，自动弹出该位置的视频图像画面，供人工确认。

4）当某区域发生入侵报警时，系统自动打开相关区间的照明，同时联动视频监控系统，自动将相应位置的图像画面切换至屏幕上，并启动管廊和监控中心声光报警器。

5）出入口控制系统采用实时监控，对于非法开启及时报警，同时联动视频监控系统，将报警位置的视频图像画面切换至屏幕上，视频系统将前后的信息进行定制录像存储，并启动声光报警器。

6）对管廊内管线进行可实时监测，当出现监测水管爆管、热力管泄漏、天然气管泄漏等异常情况时，打开相应区间的照明，自动弹出该位置的视频图像画面，并可联动控制电动阀门关闭相应区段的管线。

7）当光纤测温系统测得管廊内温度异常或高压电缆温升报警时，能够联动视频监控系统，打开相关区间的照明，将报警位置的信息切换至屏前，并启动声光报警器，提醒工作人员。

（9）系统通过以太网实现各电话（监控中心电话机及管廊现场电话）之间的相互呼叫及音频广播，并可与外界座机、移动手机通信。

（10）系统具有多维度查看功能，可根据项目、功能、分区等进行查看，方便工作人员高效掌握系统及各个分区设备的运行情况。

（11）系统具有用户与权限设置和管理功能。

（12）系统具有历史查询功能，可按时间段、管廊分区对历史报警、故障、操作信息进行查询。

（13）系统可提供电力设施、电缆设备、监控设备等台账管理。

（14）系统具有资料管理功能，可上传不同格式的文档、图片，对文件进行存储、分类管理。

（15）系统预留消防系统接入接口，可将火灾自动报警信息接入综合监控系统，对综合管廊进行集中监控报警。

4.4 系统总体架构

总体架构是智慧管廊设计的核心内容，不仅要包含支撑智慧管廊的核心技术要求、管理平台的功能规划、各基础子系统的设计及末端设备的选择，还要包括监控中心、设备用房的设计。通过智慧管廊总体架构各层面的设计，实现智能感知、统一监控、深度协同、应急指挥、智慧决策，以达到综合管廊全生命周期自动化、智能化和智慧化。

智慧管廊的核心支撑技术包括自动化、物联网、大数据、云计算、人工智能，以及地理信息系统、5G及北斗卫星通信、建筑信息模型等新一代信息技术，这些技术要结合既有的技术，在设计中采用性价比高、易升级、易维护的系统和产品，因地制宜、合理规划管理平台的综合监控、统一管理、运维管理、会商决策、应急指挥等功能模块，规划好与政府管理部门、消防安全防范处警中心、城市应急指挥中心、市政管线单位的平台接口。设备用房的规划设计是总体架构中的基础设施部分，其布置的合理性和环境条件是实现系统功能的前提。

设备用房包括监控中心、区域设备间等，城市的监控中心可分为城市级、区域级和片区级三级，设计时应结合城市的具体情况来分级和划分职能；监控中心内的设备用房既要包括监控中心功能自身需求的设备用房，也要考虑管廊通信（固定通信、移动通信、数据中心、有线电视）系统的接入设备机房；区域设备间宜结合节点的设计情况进行整合，可结合通风机房或配电间等设置，也可独立设置。在不同层级的设备用房内，机房环境的要求是不同的，监控中心内机房的土建条件、温 / 湿度、电源、照明、消防、安全、防雷接地等均应满足数据中心不同等级的要求；而管廊节点处的区域设备用房，其环境条件受到制约，因此在选择产品时就需要选用工业级产品，满足电磁兼容、外壳防护等级等要求，应能适用于较为恶劣的环境。

在技术支撑、功能明确、设备用房落地的情况下，逐一落实各个基础子系统的设计，包括功能、系统构成、与平台的关系、传输系统形式、各级设备的布置、末端设备的设置、导线选择与敷设、设备选择与安装、防雷接地、控制对象与内容等，通过搭建完善的智慧管廊总体架构，实现综合管廊多个层面的智慧化。

4.4.1 技术架构

目前在数据库管理信息系统中，主要有两种架构模式：一种是客户 / 服务器（client/server，C/S）；另一种是浏览器 / 服务器（browser/server，B/S）。C/S 模式属于两层结构，由客户应用程序、服务管理程序和中间件三个部件构成；而 B/S 模式是一种网络结构模式，是继 Web 技术之后兴起的，在这种模式中，浏览器作为最主要的系统客户端，统一了客户端，并将系统功能实现的核心部分集中到服务器，简化了系统的开发和维护。按照业务逻辑功能的不同，B/S 模式通常可分为表示层、逻辑层和数据层。其中表示层客户机就是用户与系统的接口，只需在客户机上安装一个通用的浏览器（brower），如 Internet Explore、Google Chrome 等，就能实现满足用户的功能操作。这种模式下的客户端在操作时不用参与数据的运算，只起到展示结果的作用，所以客户端的开发不需要考虑各种算法，只要根据业务的需求灵活变动即可，这就减少了开发时间，同时降低了开发成本。基于 B/S 模式的维护简单、成本低等优点，下面选择该模式对综合管廊设施信息管理系统进行开发设计。

4.4.4.1 系统结构

智慧管廊运维管理平台包括综合监控系统及综合应用管理系统。其系统架构如图 4.1 所示，主要包括：

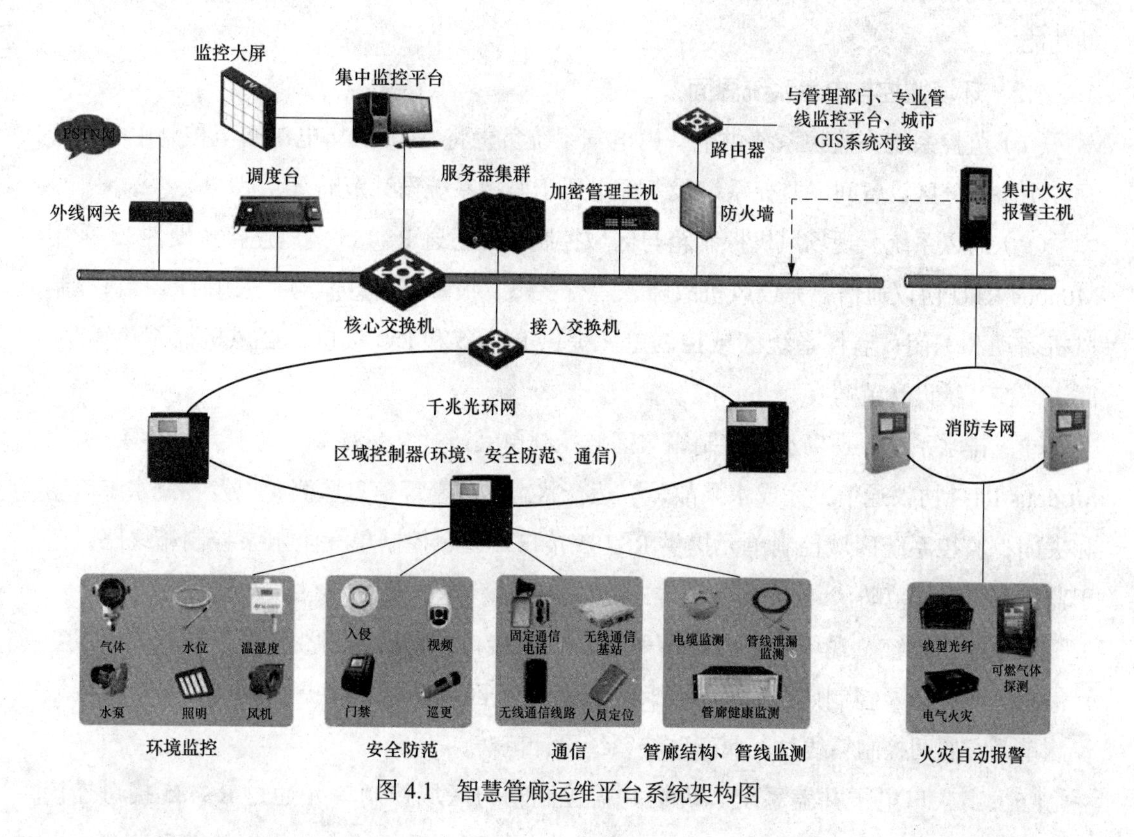

图 4.1 智慧管廊运维平台系统架构图

（1）监控中心与集成平台。

（2）环境监控系统。

（3）安全防范系统。包括：

1）视频监控系统。

2）入侵报警系统。

3）出入口控制系统。

4）在线式电子巡更系统。

5）电子井盖系统。

（4）通信系统。包括：

1）光纤电话系统。

2）无线语音系统。

（5）火灾自动报警系统（含可燃气体探测、电气火灾监测和防火门监控系统）。

（6）管廊结构、管线监测系统（预留接口）。

监控中心接入所有数据采集层的前端设备数据，是监控报警与运维管理系统的业务处理、数据处理和监控指挥中心。监控中心能够集中监测和调节管廊所有智能化子系统，实现所有现场采集设备的信号采集、运行监视、操作控制、信息综合分析及智能报警联动功能。

4.4.4.2 环境监控与电气系统界面

（1）监控系统。监控系统供电，由电气系统负责将 AC 220V 电源引至控制中心及管廊各个防火分区设备间，监控系统设备配电属于监控系统设计范畴。

（2）通风系统。现场风机控制箱与区域控制单元通过 RS485 接口连接（硬件），采用 Modbus RTU 协议通信，完成风机故障、运行状态、报警等信息监测，采用 DO 接口控制风机启动和关闭；监控系统区域控制单元提供 RS485 和 DO 接口，至风机控制箱线路，属于监控系统设计范畴。

（3）排水系统。现场水泵控制箱与区域控制单元通过 RS485 接口连接（硬件），采用 Modbus RTU 协议通信，完成水泵故障、运行状态、报警等信息监测，以及控制水泵启动和关闭；监控系统区域控制单元提供 RS485 接口，区域控制单元至水泵控制箱线路，属于监控系统设计范畴。

（4）照明系统。现场照明控制箱采用 DI/DO 接口，完成照明故障、运行状态、报警等信息监测，以及控制照明启动和关闭；监控系统区域控制单元提供 DI/DO 接口，区域控制单元至照明控制箱线材，属于监控系统设计范畴。

（5）出入口电子井盖系统。现场井盖控制箱与区域控制单元通过 RS485 接口连接（硬件），采用 Modbus RTU 协议通信，完成井盖故障、运行状态、报警等信息监测，以及控制井盖启闭；监控系统区域控制单元提供 RS485 接口，区域控制单元至井盖控制箱线路，属于监控系统设计范畴。

4.4.4.3 环境监控与火灾自动报警系统界面

（1）火灾自动报警系统（包括电气火灾监测系统、可燃气体探测系统和防火门监控系统）监测数据，通过 TCP/IP 网络数据在监控中心上传到综合管廊监控系统平台，实现统一监测和管理。

（2）火灾自动报警系统采用单独物理网络，监控系统只监视不控制，保持其系统的独立性。

4.4.2 数据架构

综合管廊综合数据库主要负责综合管廊空间数据、实时监测数据和业务属性数据的存储，包括监测监控实时和历史数据库、空间数据库、三维模型库、视频数据库、专业管线数据库、管廊附属设施数据库、管廊运维专题库、应急抢险专题库、应急指挥专题库、行政管理专题库等。其中，监测监控实时和历史数据库及视频数据库由于数据量庞大，采用分布式数据库进行存储。综合数据库通过感知层采集、交互式录入、导入、分析等多种方式获取数据，更新数据库，并以服务的方式向上层应用提供数据源等。

数据架构描述了综合管廊信息管理系统、监控中心、专业运营系统之间的数据交换关系，如图 4.2 所示。

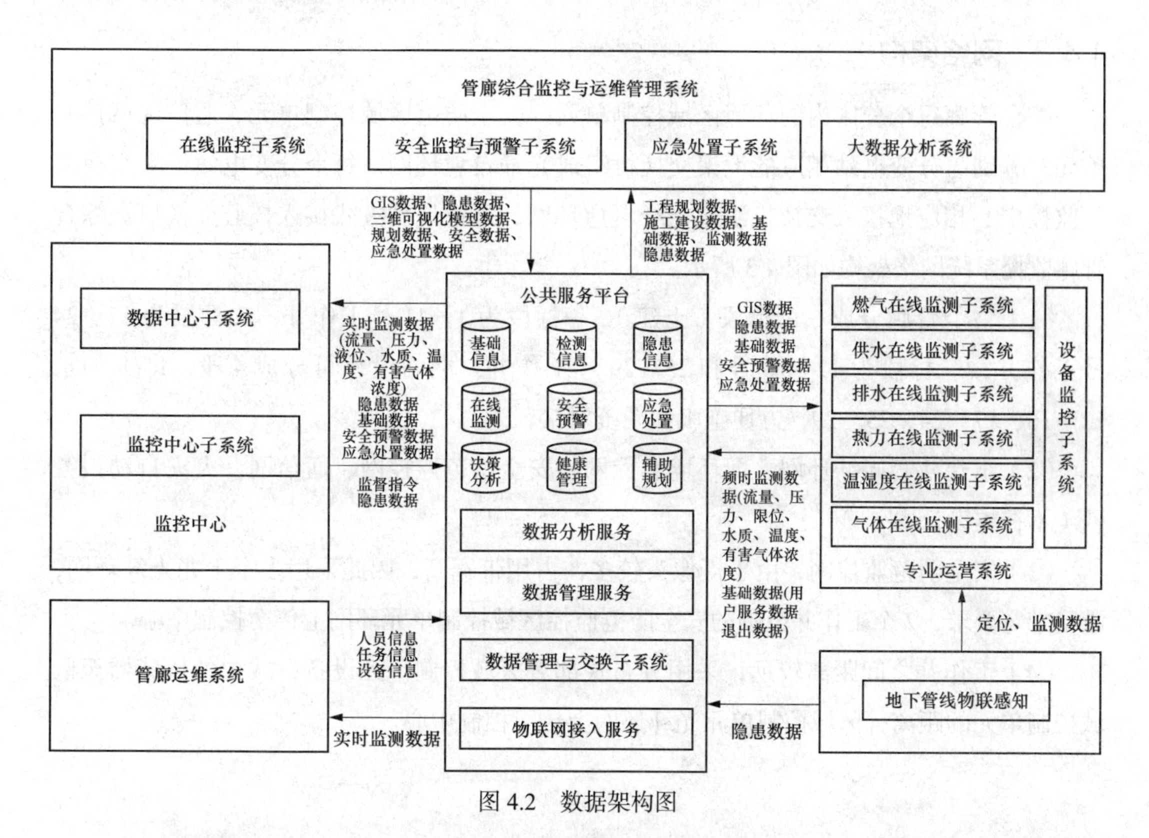

图 4.2 数据架构图

（1）利用综合管廊的物联感知设备和手段，对管线数据进行采集，将相应管线、管廊环境和管廊设备的运行状况监测数据等发送给相应的专业，以便在线监测子系统，进行业务处理。地下管线隐患排查数据进入数据中心的隐患信息数据库，为各级管理系统提供共享。

（2）燃气、供水、排水、热力等专业在线监测系统和设备监控系统将实时监测数据（包括流量、压力、液位、水质、温度、有害气体浓度等），基础数据及隐患数据等，通过数据交换系统与监控中心和综合管廊信息管理系统进行共享。

（3）通过实时监测数据、隐患数据，监控中心对各专业管线的运营情况进行掌握和监管；同时，监控中心系统也将其发现的隐患情况与专业运营系统和综合管廊信息管理系统进行共享，并对已经发现的管线隐患和健康问题，通过指令的方式通知各管线权属单位进行相应的维修和维护。

（4）综合管廊信息管理系统需要接受各管线权属单位工程规划数据、监测数据、隐患数据等，通过对数据的分析处理，将三维可视化模型数据、管线监控数据、环境监控数据、设备监控数据、安全防范消防监控数据等与监控中心系统和专业运营系统进行共享。

4.4.3 网络架构

综合管廊每个分区内的环境区域控制单元、安全防范区域控制单元、通信区域控制单元，分别与分变电站相应的汇聚交换机组成光纤自愈环网，每个分变电站汇聚交换机与监控中心相应地接入交换机组成光纤自愈环网，通过星型方式接入核心交换机。综合管廊监控系统网络架构如图 4.3 所示。

（1）整个管廊分成 3 个标段（土建）。一标段为 1～11 号工作井，二标段为 17～24 号工作井，三标段为 12～16 号和 25～29 号工作井。网络设计可分成 4 段，即 1～11、12～16、17～24、25～29，方便施工和系统对接。

（2）组建 4 套光纤环网，即环境监控网、安全防范监控网、通信网、火灾自动报警网（不在本设计内）。

（3）安全防范监控网，由于摄像头较多，占用带宽高，因此采用多个千兆光纤环网，满足带宽要求，2 个工作井范围的安全防范监控区域控制单元环网上传至控制中心。

（4）工作井之间距离较远，采用分布式部署区域控制单元设备，减少各传感器至区域控制单元的距离，区域控制单元光纤环网上传至控制中心。

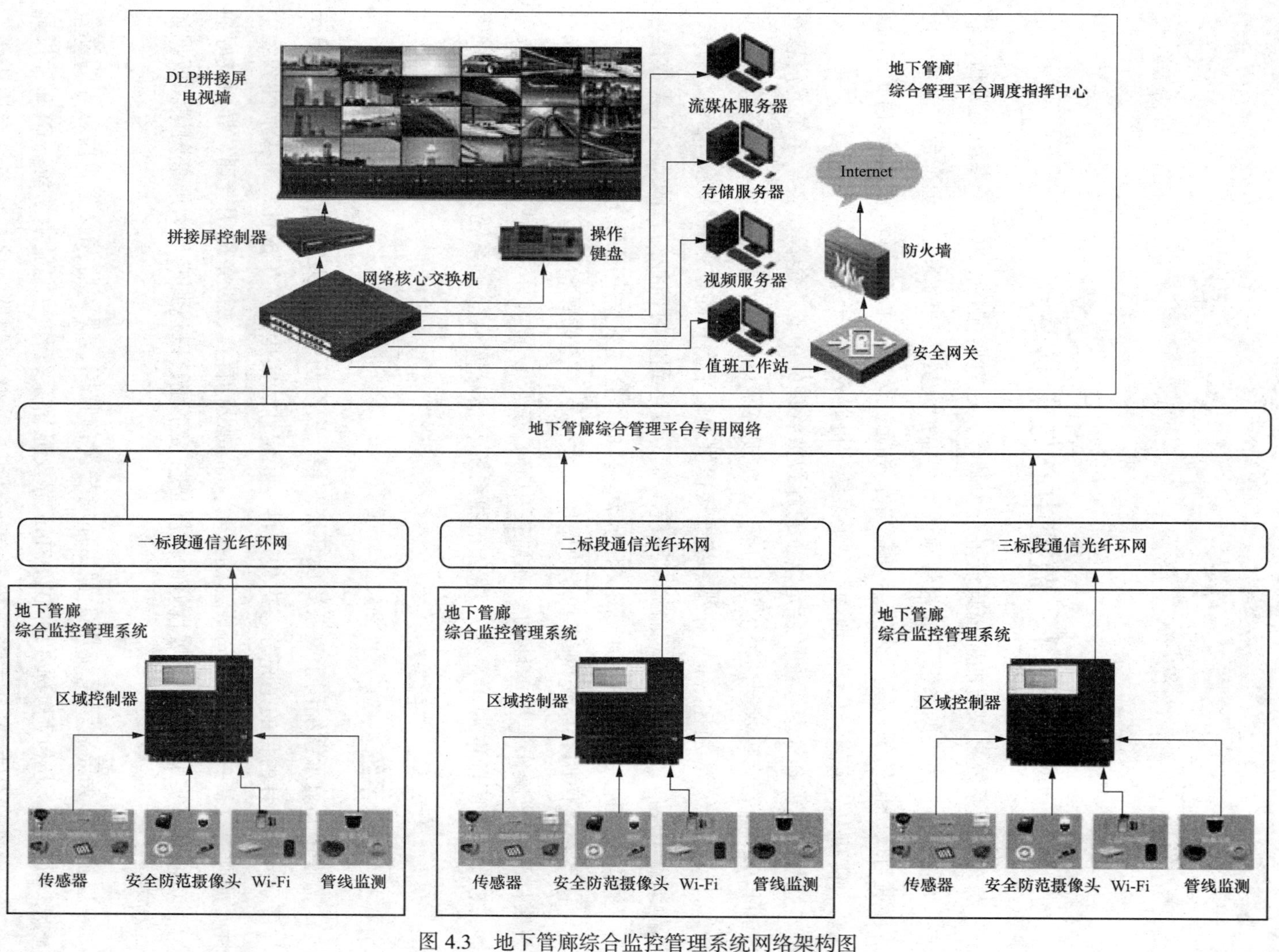

图 4.3 地下管廊综合监控管理系统网络架构图

5 设 计 方 案

5.1 监控中心与集成平台

综合管理系统是以智能监控集成平台为基础，通过监控主干网将子系统集成和互联成一个统一的、完整的系统，成为管廊运行和维护人员统一的综合管理平台。子系统包括环境与设备监控子系统、火灾自动报警子系统、安全防范子系统、有线通信子系统、无线通信和人员定位子系统、地理信息子系统、机器人巡检子系统等。

智慧管廊综合管理系统平台是整个管廊智慧管理的中心，能提供各子系统的信息互通和共享，为管廊智慧管理提供软件后台，实现各子系统的数据库集成、网络管理、维护、开发、升级等功能，并为对外系统连接提供通信平台；能在各种情况下准确、可靠、迅捷地做出反应，及时处理，协调各系统工作，以达到实时监控的目的。它是集数据通信、储存、处理、控制、协调、图文显示为一体的综合性数据应用系统。

该系统除协调好系统网络本身的操作与运行外，还兼顾整个管廊综合监控系统有关软件和管理操作集成的能力。在监控中心，主要设置显示系统、网络系统、服务器、UPS（不间断电源）系统、综合布线系统、信息安全防护系统及智慧管廊运维管理平台。

5.1.1 显示系统

监控中心显示系统用于整条管廊环境监控、安全防范监控及管线信息等的综合显示与展示。其设计的目的是充分考虑先进性、稳定性、实用性、集成性、可扩展性和经济性等原则，打造一套采用先进成熟的技术、布局设计优良、设备应用合理、界面友好简便、功能有序实用、升级扩展性好的大屏幕拼接系统，以达到满足大屏幕图像和数据显示的需求。

监控中心大屏显示系统用于管廊环境与设备监控、视频监控及管线信息等的综合显示与展示。设计时初选 3×5DLP70in 背投显示系统作为主显示系统。DLP 背投显示系统硬件部分由 DLP 大屏幕投影单元、多屏拼接控制器、接口设备、专用线缆等组成。

根据用户日常使用情况，可为用户特别定制显示方式预案，需要时直接单击备选预案，则可在大屏幕上自动调用所存储的预案模式。几种功能分区显示模式如图 5.1 所示。

图 5.1　功能分区显示模式

1. 功能分区显示模式

整个系统根据系统分工划分相应的显示区域，各系统的图像在需要时可在全屏进行放大显示，大屏幕显示来自多种信号的画面，从而保证紧急状况时能够对相应区域进行重点放大，供领导观看和指挥，所有信号窗口可任意放大、缩小、漫游、叠加。

2. 视频信号显示

监控系统的所有视频信号均可接入多屏拼接控制器，全屏可显示多路的视频信号，接入的所有信号可分别以窗口的形式在拼接墙上任意位置进行放大、缩小、跨屏移动及全屏显示。日常监控时，可以进行轮播和巡检；紧急状况时，能够对视频图像进行重点放大，供领导观看和指挥。可采取 2 × 2/3 × 3 等方式放大显示视频图像，整屏可同时显示多路监控视频信号。

3. 计算机信号显示

独立的计算机信号可以通过显示单元内置 TriP™ 多层画中画拼接处理器或者多屏拼接控制器采集处理后以窗口的形式在拼接墙上快速显示；显示窗口可以任意缩放、跨屏移动、叠加或全屏显示等。

4. 各类信号混合显示

视频信号、计算机信号均可同时在拼接墙上以各自的方式显示，互不干扰；或者把拼接墙根据应用系统的需要，进行分区域显示，并分区域控制。

用户可以根据需要，把各种信号的显示和位置存储为模式，在用户需要时直接切换，即可及时按照模式定义显示窗口，或者进而定义预案，按照需要自动调用或者切换各种显示模式，实现对拼接墙系统的自动化管理。

5.1.2 网络系统

监控中心配多台环网接入交换机（环境接入交换机、安全防范接入交换机、通信接入交换机、火灾自动报警接入交换机）和 2 台核心交换机。接入交换机与现场区域控制单元组成千兆光纤环网，通过千兆光纤接口以星型方式接入核心交换机。

核心交换机预留向上的连接综合管廊总控中心万兆接口，满足未来发展需求。

控制中心单独设置安全网关和路由器，用于外网连接。

5.1.3 服务器

数据服务器主要实现对综合管廊各子系统的数据进行存储、实时采集及处理，数据查询与分析等功能。监控中心数据服务器主要包含服务器机柜、实时服务器主机、历史服务器主机、磁盘阵列等，其中监控中心的冗余历史服务器配置磁盘阵列设备，采用与服务器相同厂商品牌的产品。磁盘阵列是单独的机柜设备，具备冗余的数据传输路径，无单点故障，通过冗余、热交换组件（如电源和风扇），实现高可靠性。

企业级服务器采用高性能、高速度和高可靠性的国内外知名品牌主流服务器，选用中高端产品。基于硬件虚拟化平台构造的双机容错系统，具备无扰切换技术（零时间停顿），切换过程独立于客户机系统及应用。服务器具备下一代处理能力和灵活的 I/O 选项；具备虚拟化或高性能计算所需的性能和功效，具备高密度计算、高性能计算能力，满足主流应用程序需求；支持内存密集型和计算密集型应用程序和数据库；具备多功能存储选项。

数据库服务器采用双机热备方式，使服务器发生故障后能在最短的时间内恢复使用，保证综合管廊监控报警与运维管理系统长期、可靠的稳定运行。

主机系统具有很强的容错性，除对单机的可靠性进行要求外，还使用双机热备份技术，在主机出现故障时则由备份主机接管所有用户，接管过程自动进行，无须人工干预。主机系统要求具有 SMP 的体系结构。

服务器配置支持主流版本的 Windows 和 Linux 操作系统。系统具有高度可靠性、开放性，支持主流网络协议，包括 TCP/IP、SNMP、NFS 等在内的多种网络协议；符合 C2 级安全标准，提供完善的操作系统监控、报警和故障处理。

每个服务器配备足够的内存、内部硬盘等，以满足性能要求。冗余配置的服务器具备双机热备份功能，热切换稳定、有效、快速，同时不影响系统的正常运作。所有组件均采用冗余配置，其中电源与磁盘均配置为 2+2 冗余。系统可靠性设计达到 99.999% 以上；服务器为机架式结构，安装于机柜内，原则上主备服务器组在一个柜内，同一机柜内的服务器共用显示器。

5.1.4 UPS（不间断电源）系统

为避免市电网供电的质量出现问题，在监控中心配置使用在线式 UPS（不间断电源），容量为 20kVA，备电 60min，可有效提高使用电源的安全性和可靠性，为设备提供安全无忧的电力保障，使整个系统停电之后能够继续工作一段时间，避免数据和信息的丢失。

UPS 具有小型化、低噪声、可靠性高等特点，UPS 整机效率高达 90%，可降低 UPS 的电力损耗，节约使用成本；提供宽广的电压输入范围，能适应恶劣的电网环境；采用先进的智能化充电控制方式，可根据需求查询和设定相应的 UPS 控制参数，实现 UPS 的智慧管理；提供输入、输出过电压或欠电压，电池过充电或低电压，过载、短路等完备的故障保护和明晰的报警、故障警示功能。

5.1.5 前端处理器

智慧管廊综合管理系统平台前端处理器用于管理综合监控系统与集成和互联的各自系统的接口，具有转换各种硬件接口、软件协议的能力，同时能有效地把综合监控系统与各子系统的数据进行隔离。综合监控系统通过前端处理器获得各子系统的数据，同样，也通过前端处理器向各子系统发送数据和命令。

前端处理器采用基于嵌入式实时操作系统或多用户、多任务操作系统的工业级产品，采用国内外知名品牌的产品，要求通过国家相关权威机构的工业环境测试试验，满足电磁兼容要求。前端处理器具体应满足的要求如下：

（1）前端处理器是工业级产品、模块化结构。

（2）前端处理器采用嵌入式实时操作系统或多用户、多任务操作系统。

（3）前端处理器采用主频不低于 1GHz 的高性能 CPU，内存不少于 2GB。

（4）前端处理器有支持多种协议转换、支持多种接口的模块。

（5）前端处理器各功能模块具有自诊断功能，单点故障时不影响系统功能。

（6）前端处理器提供冗余 100Mbit/s 以太网接口，可通过冗余 100Mbit/s 以太网接口与冗余综合监控系统交换机网络进行连接；可以将冗余的以太网接口设置为不同的网段，同时前端处理器能支持不同网段的数据轮询。

（7）前端处理器具有足够的以太网口、接口，以接入各系统的数据；各功能模块具有自诊断功能。单点故障不影响系统功能。前端处理器设备自身以太网接口数量不能满足使用时，应配置相关扩展设备（如路由器设备等），此扩展设备保证以太网接口间的完全隔离。

5.1.6 操作工作站

操作工作站采用与服务器同一品牌的高性能、高速度和高可靠性的国内外知名品牌的计算机工作站，或选用性能配置指标更高的工业级产品，满足系统的所有实时性、安全性、稳定性的要求。

操作工作站配置简体中文版 Unix、Linux、Windows 操作系统，支持《信息技术 中文编码字符集》（GB 18030—2005）规定的字符集。每个操作工作站配备内存、硬盘、显卡，以满足性能要求；配有标准的键盘、鼠标；可发出声音报警，报警声音可通过操作工作站操作消除。

5.1.7 大屏幕显示系统

监控中心大屏幕显示系统设计的目的是在充分考虑先进性、稳定性、实用性、集成性、可扩展性和经济性等原则的基础上，打造一套采用先进成熟的技术、布局设计优良、设备应用合理、界面友好简便、功能有序实用、升级扩展性好的大屏幕拼接系统，以达到满足大屏幕图像和数据显示的需求。

大屏幕显示系统具备数字高清信号、模拟信号和网络流媒体信号的混合处理能力，可以实现画面的单屏、跨屏、漫游、局部全屏及整屏拼接等功能。另外，系统内嵌高清1080P 解码功能，可实现网络摄像机的直接解码上墙。系统采用高稳定性的 B/S 架构，用户可以在网络内任何一台 PC 机上授权操作，规避了 PC 系统中毒、崩溃等问题。系统软件可以集中管理显示单元、视频矩阵、RGB 矩阵、DVI 矩阵等周边设备，并且可通过 iPad、平板电脑等手持终端无线管控大屏幕。

1. 设计原则

（1）经济性。总体拥有成本低、长寿命、低维护成本。

（2）稳定性。嵌入式架构，不受外部因素影响。

（3）显示效果。高解析度、层次丰富、色彩艳丽。

（4）认知度。大屏幕拼接广泛应用于各个领域，认知度高，更易于操作使用。

（5）节能环保。功耗低，设备寿命长，所有器件均不含铅、汞等有害物，全金属外壳，完全无辐射。

（6）可靠性。各项专业认证及严格的测试保证了设备的稳定可靠，系统设计充分考虑了兼容性及冗余功能。

2. 设计要求

大屏幕显示系统设计时选用 3（行）× 5（列）70in 的 DLP 背投显示屏作为主显示系

统。DLP 背投显示系统硬件部分由 DLP 投影单元、多屏拼接控制器、管理控制软件、接口设备、专用线缆等组成。大屏幕应选用国内外成熟的知名品牌产品，所选用的大屏幕都应该通过国家 CCC 认证。具体要求如下：

（1）宽视角。保证观察人从不同角度清晰地观看到屏幕内容。

（2）强抗环境光能力。保证室内照明与室外采光不会在屏幕上形成反光与眩光；跨屏显示时，图像的拼缝不大于 0.3mm。

（3）高平均无故障工作时间（MTBF）。整套系统的 MTBF 不能小于 50000h，至少 3 年的免维护期。

（4）投影光源。采用 3 × 6 倍冗余 LED 光源，保证重要应用时显示墙 100% 的利用率。

（5）单屏尺寸。1550.2（宽）mm × 872.0（高）mm。

（6）组合尺寸。（872mm × 3）×（1550.2mm × 5）。

（7）底座、支架及其他要求。底座采用高强度钢材或铝合金材料，外层涂有绝缘喷塑材料，涂层表面平滑、喷涂均匀、色调一致，颜色为黑色。

1）标准化、模块化搭积木式安装机架，可采用横向和纵向安装方式，进行灵活拼接及扩展。

2）金属机架外壳的拼接墙系统应具有保护接地端子，接地端子附近有明显的标志，保护接地点和可触及金属件之间的电阻值不大于 1 Ω。

3）底座高度。实际高度根据用户现场确定。

4）背后维护空间。默认 1000mm，实际空间根据用户现场及拼墙高度确定。

5）整屏尺寸，如图 5.2 所示。

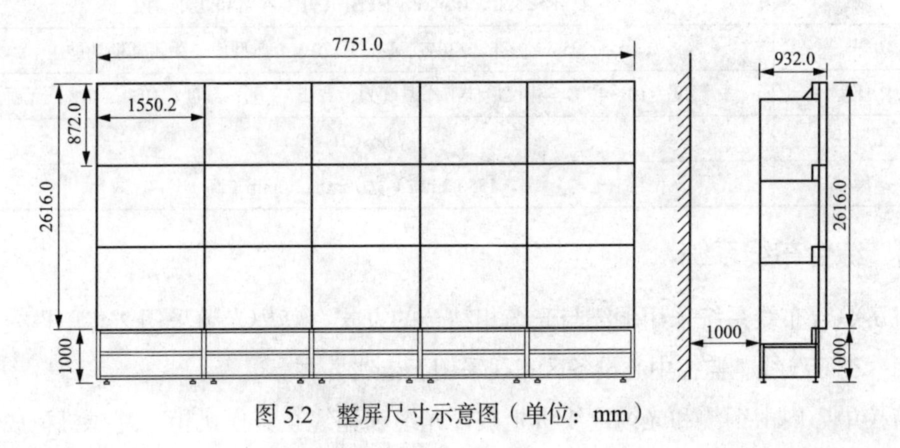

图 5.2 整屏尺寸示意图（单位：mm）

3. 设计参数

大屏投影单元具体技术规格参数见表 5.1。

表 5.1 大屏投影单元具体技术规格参数

项目		参数 / 型号
显示技术		DLP 技术，单片 0.95in12° LVDS DMD 芯片
分辨率		Full HD（1920 × 1080 像素）
输出亮度		1100ANSI
对比度		2000：1（典型值），100000：1（动态）
均匀度		＞95%
光源类型		3 × 6 LED
光源寿命		60000h（正常）/80000h（节能）
扫描频率		水平：15～120kHz；垂直：24～120Hz
输入接口	模拟 RGB1	D-sub15P（640 × 480～1920 × 1200）
	模拟 RGB2	5BNC（兼容 RGBHV，YPbPr，CVBS），支持 720P、1080P，兼容 NTSC、PAL、SECAM
	复合视频	—
	数字 RGB-1	DVI-I（640 × 480～1920 × 1200）
	数字 RGB-2	HDMI（支持 480P、720P、1080P、HDCP）
	ETHERNET	RJ45，10M/100M 自适应以太网
	RS232C	D-Sub9P
	RS422	RJ45
	RJ45（网络解码）	支持 4 路 1080P/16 路 D1 解码显示，支持轮询，并兼容第三方设备解码
输出接口	复合视频	—
	数字 RGB	DVI-D
	RS422	RJ45
控制		RS232C、RS422、ETHERNET 网络和红外遥控
功率		经济 205W/ 标准、230W/ 高亮、270W（典型值，关闭辅助功能）
工作环境		温度：10～40℃，建议最佳工作温度为（22±5）℃；湿度：10%～90%，无凝露
单元尺寸		70in（16：9）
屏幕尺寸		1550.2mm（宽）× 872.0mm（高）

5.1.8 综合布线系统

机房综合布线系统采用铜缆与光缆相结合的方式，其中光缆采用 2 芯单模光缆，铜缆采用六类双绞线。监控中心设备区布线采用下走线方式。

监控中心内由铜缆和光缆配线机柜敷设光缆和铜缆至其他机柜，配线机柜放置单模光纤配线架以接收外接光缆。另外，在监控中心相关区域布置相应数据与电话点位，以便于办公人员使用。

5.1.9 信息安全防护系统

5.1.9.1 内网数据安全

为保障综合管廊信息管理系统数据安全，通过在环境区域控制单元、安全防范区域控制单元及光纤电话接入单元中设置加密模块，对各数据采集设备发送给服务平台的数据进行加密，并对服务平台发送给数据采集设备的数据进行解密。通过加密和解密技术，实现数据采集设备与服务平台之间数据的加密传输，确保数据传输的安全。

5.1.9.2 外网数据安全

随着管线入廊规模的扩大，业务系统的不断增多，越来越多的外部人员需要访问综合管廊信息管理系统内部的应用系统，但是通过广域网访问存在的安全隐患，使综合管廊信息管理系统的关键业务数据存在泄密的风险。

在综合管廊信息管理系统内网边界部署防火墙系统，通过设置访问控制策略实现对信息系统服务器的访问控制，确保对服务器的安全防护。防火墙系统部署如图 5.3 所示。

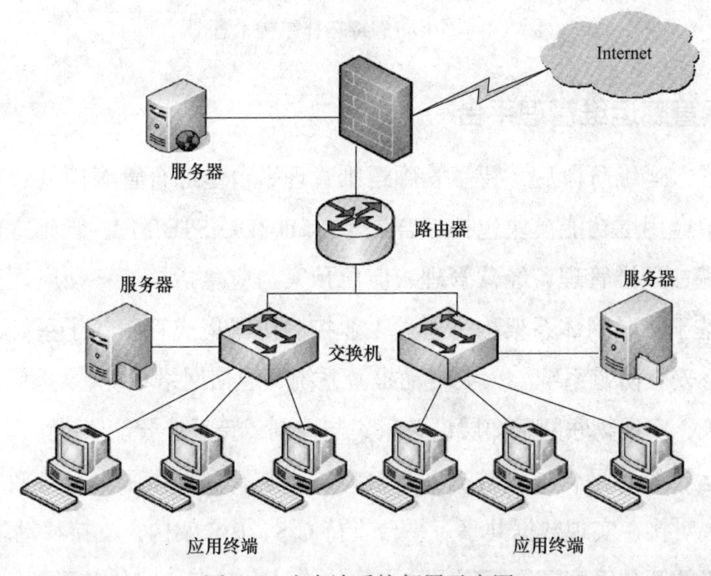

图 5.3　防火墙系统部署示意图

在综合管廊信息管理系统网络服务器边界部署硬件防火墙。防火墙主要解决网络边界的安全问题，通过边界保护，可以有效规避大部分网络层安全威胁，并降低系统层安全威胁对综合管廊信息管理系统网络平台的影响，防范不同网络区域之间的非法访问和攻击，确保综合管廊信息管理系统各个区域的有序访问。

5.1.9.3 网络防病毒

在综合管廊信息管理系统网络边界部署防毒墙系统，隔离综合管廊信息管理系统内部网络和外部非安全网络，阻断病毒从互联网传入，实现网络病毒防护功能。网络防病毒拓扑结构如图 5.4 所示。

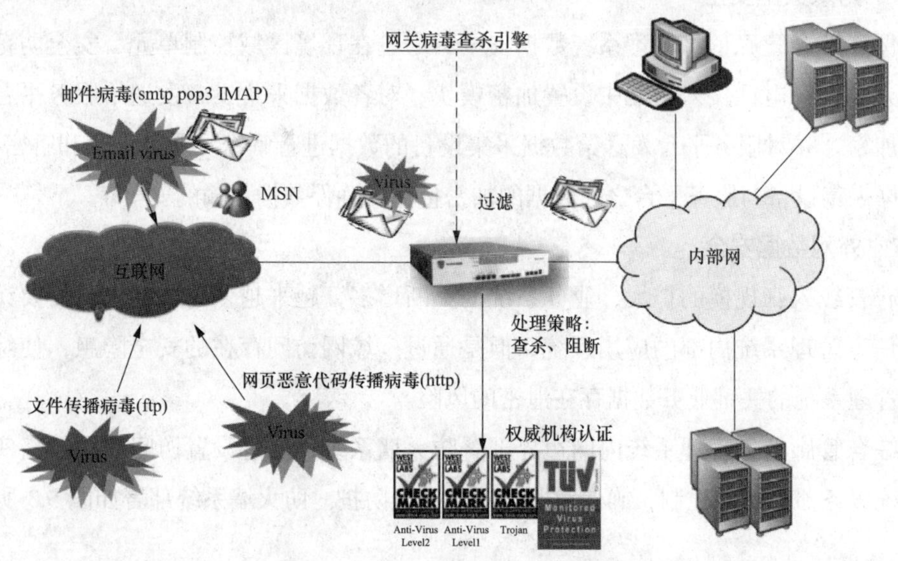

图 5.4　网络防病毒拓扑结构示意图

5.1.10　智慧管廊运维管理平台

管廊工程进入运维阶段后，智慧管廊运维管理平台是综合管廊信息管理系统的核心组成部分，其中应用层功能模块包括综合展示（2D/3DGIS+BIM）、管廊本体监控、管廊设备管理与报警、运维管理、经营管理、应急预案与应急指挥、移动应用巡检、办公管理等；采集层基于物联网体系架构，通过工业控制协议集成管廊各子系统，包括环境与设备监控系统、安全防范系统、火灾自动报警系统、通信网络系统、可燃气体探测系统、机器人巡检系统，实现物联网感知层设备采集与控制，跨系统智能联动。

智慧管廊运维管理平台提供数据共享接口，可与智慧城市平台、市政管理平台、专业管线管理平台对接，实现数据共享。平台支持 C/S、B/S 架构，支持移动端应用。

针对集团级的智慧管廊运维管理平台在架构设计上具有一定的前瞻性：

（1）支持两级平台部署。两级平台主要是指位于集团的云端管理平台和位于各地综合管廊现场的监控运维平台。各地监控运维平台能够独立运行，不依托于云端管理平台，并能够实现数据及命令的上传下达。

云端管理平台针对集团用户进行全面的了解和分析，并对各地综合管廊的运营情况进行考核。各地监控运维平台，主要是针对各地综合管廊的日常监控、生产、运营等实际发生情况进行管理。

（2）架构上需兼顾管廊本地监控中心与集团级联、协调配合的需求，因此既要考虑管廊本地监控的稳定性、实时性，又要考虑集团对所辖各地管廊运维的集中管理，即使在管廊本地监控中心与集团之间断网的情况下，也不能影响管廊本地监控中心所必需的监控报警、智能联动等功能，同时具备数据缓存功能，待网络恢复后，同步缓存数据至集团平台。

（3）在功能完整性上，应考虑管廊的监控报警、BIM+GIS、生产运维三大业务需求的无缝融合，对管廊及附属设施、监控设备进行全生命周期管理，满足管廊安全、管线安全、人员安全的运维需求。

综合管廊信息管理系统平台集成并应用三维建筑信息模型（BIM）和地理信息系统（GIS）动态定位技术，满足智慧城市建设及发展需求，统筹各类主题数据，提供数据共享服务，用户可在系统上进行二维 GIS 地图和三维 BIM 模型的快速切换，实现综合管廊的三维可视化管理、企业资产的透明化管理、运维的高效化管理、图纸资料的精准化管理、用能设备和检测仪表的智能化巡检管理等。

智慧管廊运维管理平台在管廊相关标准和规范建设的前提下，以支持管廊全生命周期的运维管理为目标。采用“互联网 +”模式、集成地理信息系统（GIS）、建筑信息模型（BIM）、物联网（IOT）、人工智能（AI）技术于一体，采用面向服务的构架模式（SOA），模块化设计，各功能服务相互独立，灵活调用，可最大限度地满足不同用户的需求，且便于后续升级和维护。系统可实现融合互动，真实、全面、直观地展现综合管廊全貌，给用户带来全新的真实现场感和交互感。

智慧管廊运维管理平台支持综合管廊各个业务系统数据进行汇总融合。通过 GIS、BIM、IOT 相结合的方式（GIS+BIM+IOT），将各类业务数据进行连接，实现综合管廊监控运维从宏观到微观的有机结合，能够实现快速的查询检索，结合 BIM 生动地展示管廊现状，实现在网络地理信息系统（Web GIS）、三维地理信息系统（3D GIS）和 BIM 系统集中进行管廊的运维管理，大大提升用户操作的便捷性和实用性。其技术路线如图 5.5 所示。

智慧管廊运维管理平台的组成如图 5.6 所示，其在功能上可分为以下几个部分：

（1）管廊本体监控系统。

（2）管廊设备管理系统。

（3）应急指挥系统。

（4）BIM 运维管理系统。

（5）移动巡检系统。

（6）平台管理系统。

通过反复的论证和沟通，将“应急指挥系统”并入“管廊设备管理系统”。因为移动应用系统在手机端开发，所以管廊中控指挥平台主界面如图 5.7 所示，总控指挥平台效果

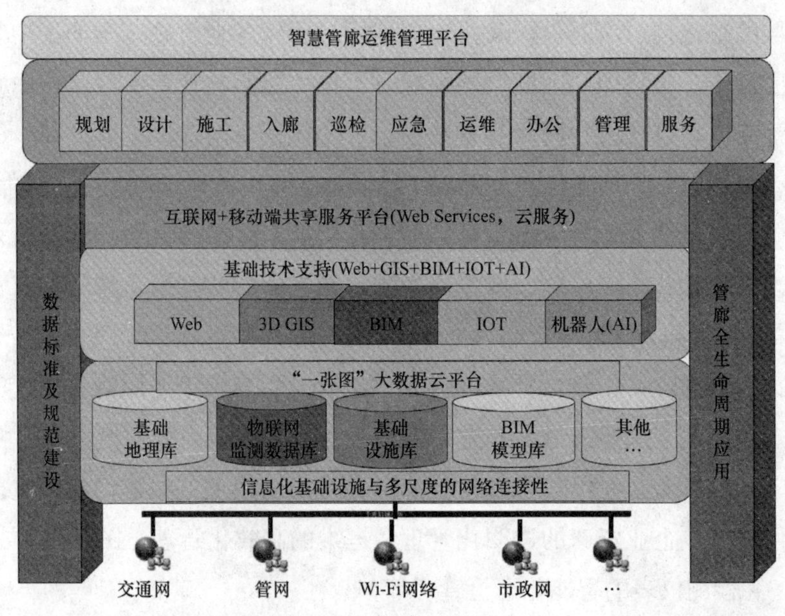

图 5.5　技术路线图

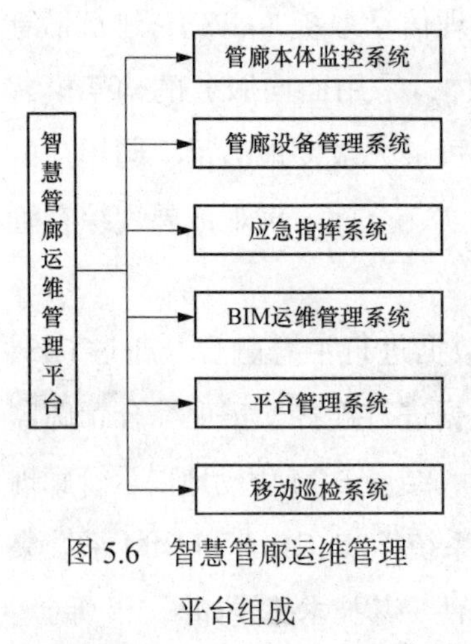

图 5.6　智慧管廊运维管理平台组成

图如图 5.8 所示（中控大屏幕从左到右依次是设备管理系统、BIM 运维系统、本体监控系统和视屏监控系统）。

5.1.10.1　管廊本体监控系统

管廊本体监控系统以网络地理信息系统（Web GIS）为支撑，地理信息系统空间数据基于“一张图”模式展示综合管廊和内部各专业管线基础数据管理、管网平面图显示、管廊重要节点管理、防火分区维护、巡检人员定位、监控信息显示、巡检结果显示等功能信息，同时为报警系统提供简洁、美观、统一、友好的人机交互界面。系统平台具有丰富的地图展示效果，以百度地图作为地图实现地图的流畅切换、旋转、缩放、平移等基本操作，保证了地图数据的时效性，且具有统一的坐标系，为监控人员与决策人员提供准确的地理信息，同时为应急救援提供有效的决策支持及有效的分析工具。

管廊本体监控系统主要应具备总览、巡检管理、巡检情况、分类监控信息展示（如环境监控系统、安全防范系统、电气系统、通信系统、消防系统）和应急事件等功能模块。管廊本体监控系统界面如图 5.9 所示。

（1）总览。该功能展示了管廊的整体地理走势、关键设备的点位、巡检机器人及巡检人员的实时位置，并提供了报警信息页面，可通过双击记录实现报警定位，快速找出报警发生的位置。同时，该页面还提供了安全运行天数、能耗分析、故障分析及入廊率

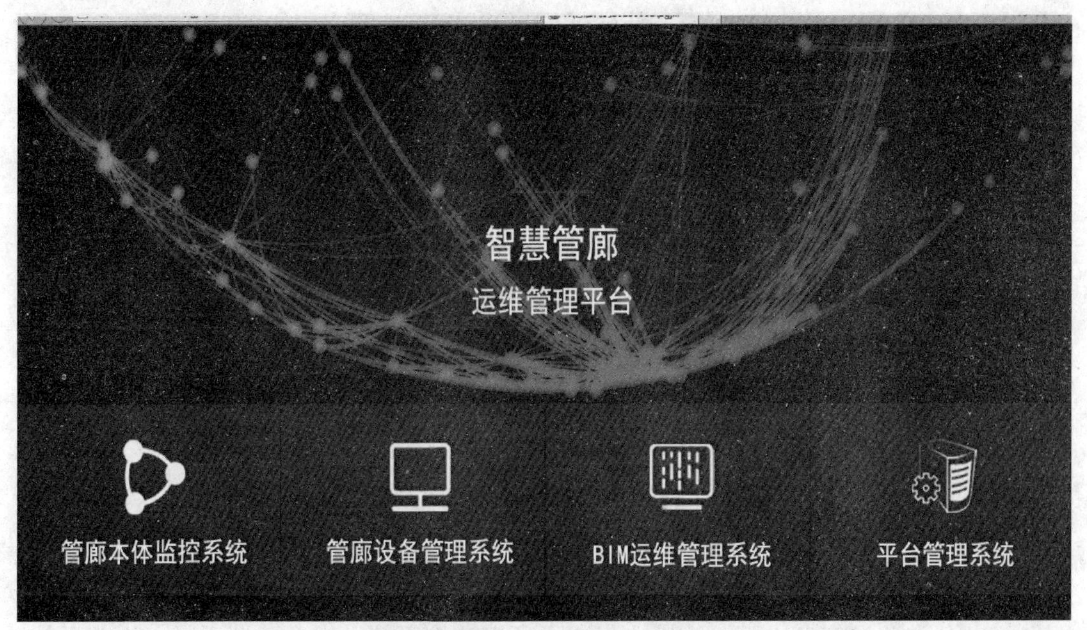

图 5.7　管廊中控指挥平台主界面

图 5.8　总控指挥平台效果图

的统计图，便于用户了解廊内的整体运行情况。

（2）巡检管理。巡检管理主要包括巡检用户、巡检任务、值班管理等功能。

（3）巡检情况。查看巡检人员反馈的实时巡检情况，如现场的情况照片、视频、文字信息，同时，可查看巡检人员上传的位置信息，可以回放巡检人员的巡检轨迹，便于巡检人员的管理和巡检任务的核实。

图 5.9　管廊本体监控系统界面

（4）分类监控信息展示。该模块集成了环境监控系统、安全防范系统、电气系统、通信系统、消防系统、机器人系统等几大子系统的对接，并显示相应子系统的设备状态及基础信息，可通过单击设备查看所在防火分区的分布。

（5）应急事件。当发生紧急事件时，系统发出声光报警，在二维地图上醒目、直观地显示出事故地点，同时判断事故等级，以便于指挥中心的判断和决策。当紧急事件发生时，系统自动弹出紧急事件处理方案，一个事件可能对应多个处理方案，择优而取，同时调取发生分区的监控视频信息，便于决策者查看现场情况。

5.1.10.2　管廊设备管理系统

管廊设备管理系统包含设备管理、故障管理、预警管理、保养管理、隐患管理等功能模块。管廊设备管理系统平台的报警信息可分为设备报警、运行报警和巡检报警三类。监控中心在获取各类报警数据信息的同时，管廊设备管理系统能够进行报警数据的挖掘分析，生成相关报表，并可对紧急事件进行应急指挥。设备报警为设备故障的相关报警，通常需运行人员现场核查，如确认故障后，启动相关维保工作。运行报警为实际运行过程中发生的报警，通常需运行人员现场核查，如确认报警后，需调整相关的运行方式。巡检报警为人工巡检过程中发现的故障信息。管廊设备管理系统界面如图 5.10 所示。

（1）设备管理。应该具备设备入库、设备安装、设备检修、设备报废、设备查询等功能。

1）设备入库。通过该功能将入廊的设备基础信息，建立设备的台账信息，并可通过多条件检索查询，如图 5.11 所示。

2）设备安装。通过该功能记录设备的安装时间、位置、名称、安装人员等基础信

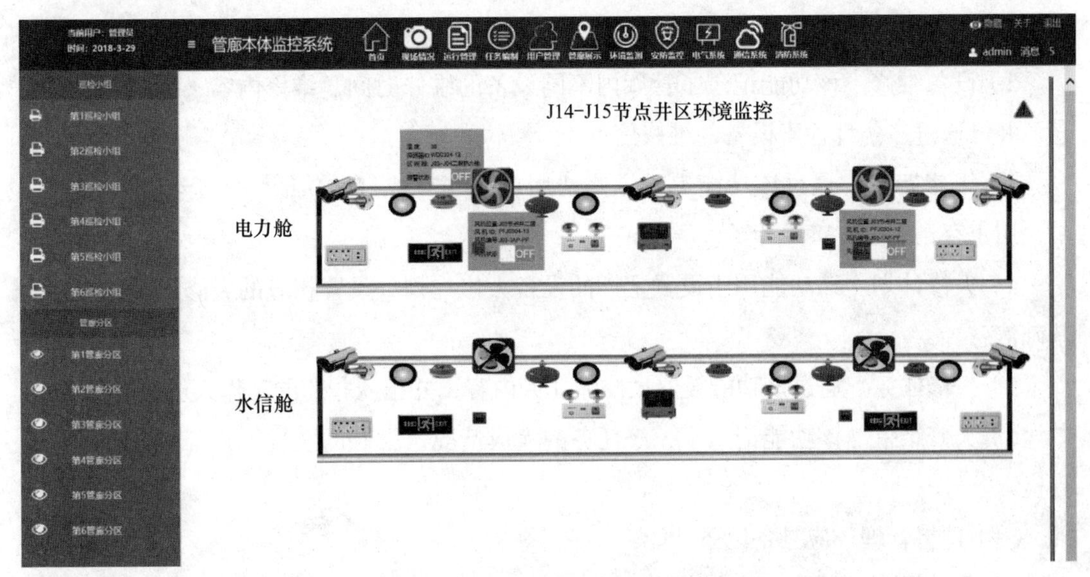

图 5.10　管廊设备管理系统（设备按防火分区显示）界面

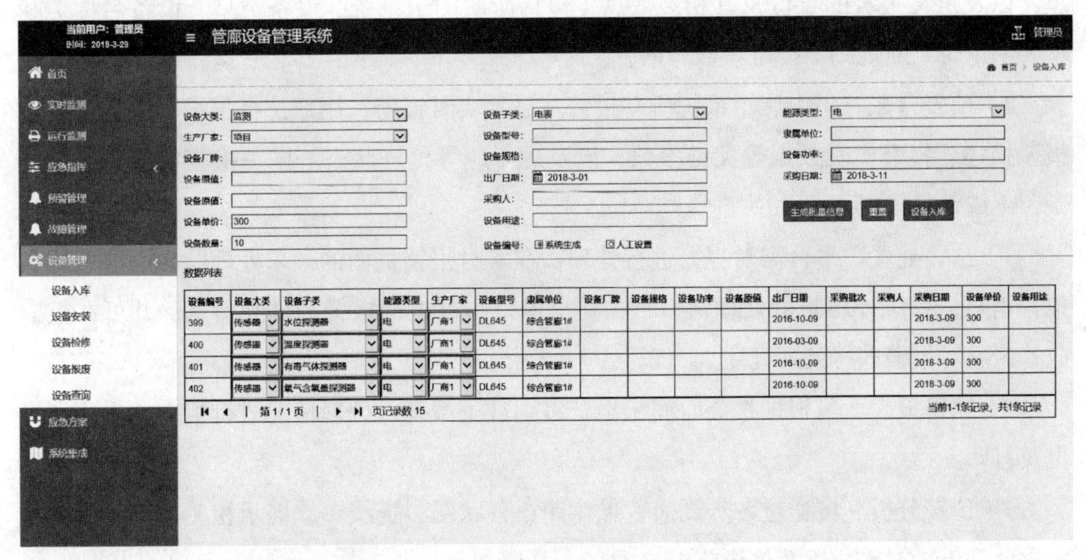

图 5.11　管廊设备管理系统：设备入库

息，并可以通过多条件进行检索。

3）设备报废。通过该功能记录设备的报废原因、时间、处置人员等基础信息，并可以通过多条件进行检索。

4）设备查询。通过该功能可以检索到所有相关的设备信息。

（2）故障管理。应具备设备故障、设备维修、维修费用、大修计划、大修任务、大修结果等功能。

1）设备故障。该功能记录了巡检人员反馈的，以及设备自行上传的设备故障信息，并可以通过多条件检索故障信息。

2）设备维修。该功能记录了管廊内不同设备的维修时间、维修内容、维修人员等信息，并可通过多条件检索设备的维修信息。

3）维修费用。通过该功能生成维修费用单，并支持打印功能，便于生成相应的工单，用于存档。

4）大修计划。该功能用于设置定期的设备大修计划，设置相应的大修时间与内容等基础信息。

5）大修任务。通过该功能设置大修的任务内容，并指派相应的工作人员执行任务。

6）大修结果。该功能记录了大修任务的完成情况及大修的经过，并可通过多条件进行检索。

（3）预警管理。应具备以下功能：

1）预警设置。平台可定义报警信息，报警信息包括报警描述、报警类型、报警等级，以及定义报警的点位及其相关信息（包括所属的子系统、设备类型、设备名称）和报警的逻辑判断规则、设定参数等内容。

2）预警台账。集中展示系统所有报警。显示实时报警，用户选择报警可以直接浏览报警描述、报警实时数据等关键参数，以及进行应答处理状态。同一报警信息只显示一条，不应重复出现。

3）预警处置。平台需对报警进行处理，在实时报警页面的“未处理”界面单击每条报警信息，系统弹出报警处理窗口，在弹出窗口中可查询报警的详细信息，并可在报警应答区域对报警进行处理批注。

4）预警报表。可根据报警时间、报警级别、子系统、处理情况进行报表的生成、导出及打印。

5）预警分析。可通过各类图表，如饼图、柱状图、折线图，展示相关查询管廊的报警占比分析、对比分析及趋势分析。

监控中心在获取各类报警数据信息的同时，进行报警数据的挖掘分析，生成相关报表，并以运行监控和故障报警这两个方面为重点，将接收、复核、转报、派遣等报警处理过程电子化、流程化，保证每次报警都能得到快速处置。设备运行监测界面如图 5.12 所示。

（4）保养管理。应具备保养内容、保养计划、保养任务、保养结果、保养费用等功能。

1）保养内容。该功能用于编制日常保养的项目及其具体内容，并可通过多条件进行检索。

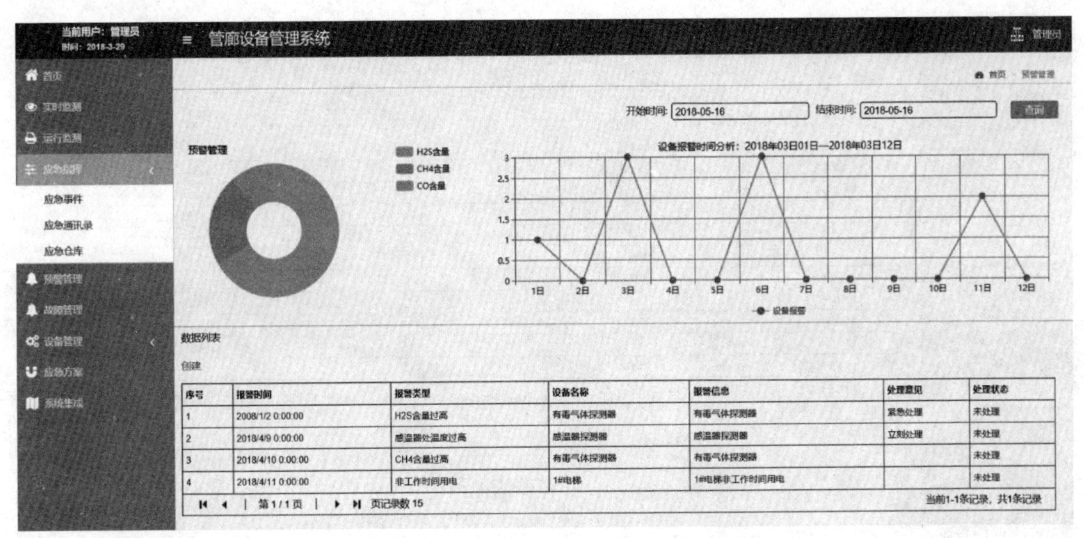

图 5.12　管廊设备管理系统：设备运行监测

2）保养计划。该功能用于编制日常保养的时间、项目等信息，用于指导日常保养工作，并可通过多条件进行检索。

3）保养任务。该功能用于编制日常保养的任务，并指派工作人员执行保养任务，可通过多条件进行检索。

4）保养结果。该功能用于记录日常保养的结果，并可通过多条件进行检索。

5）保养费用。该功能用于生成日常保养产生的费用的工单，便于存档管理。

（5）隐患管理。应具备隐患事件、隐患评估、隐患整改、隐患统计、隐患查询等功能。

1）隐患事件。该功能用于记录发现的隐患事件，便于用户检索。

2）隐患评估。该功能用于对发现的隐患事件进行评估，确定发现的隐患等级。

3）隐患整改。该功能用于对已经进行评估的隐患事件、整改的方式，以及内容、整改结果、时间进行编制、记录。

4）隐患统计。该功能用于对发生的隐患事件进行归类统计、分析，对日后的设备及管廊的状况进行提早预防并提供数据支持。

5）隐患查询。通过多条件检索所有的隐患信息。

5.1.10.3　应急指挥系统

基于现代网络和通信技术，融合管廊各类信息资源，通过数字智能化手段，建立立体的、全方位一体化的综合决策和指挥系统，形成和具备精确指向及处理能力，迅速处置各类管廊突发事故。该系统具备应急事件管理、应急通信录管理、应急仓库管理、应急资源管理、应急预案管理等功能。应急指挥系统界面如图 5.13 所示。

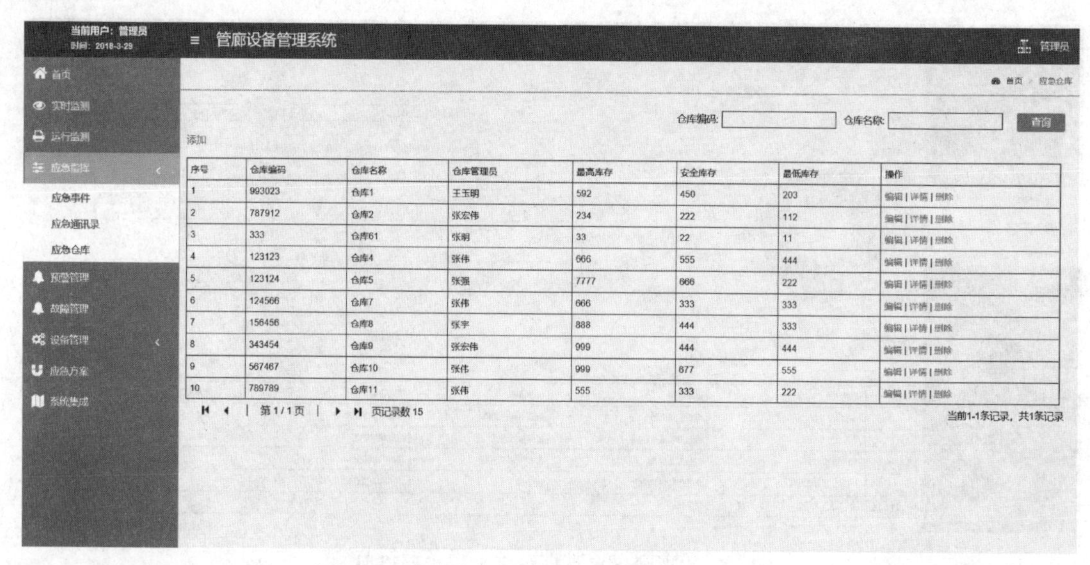

序号	仓库编码	仓库名称	仓库管理员	最高库存	安全库存	最低库存	操作
1	993023	仓库1	王玉明	592	450	203	编辑 | 详情 | 删除
2	787912	仓库2	张宏伟	234	222	112	编辑 | 详情 | 删除
3	333	仓库61	张明	33	22	11	编辑 | 详情 | 删除
4	123123	仓库4	张伟	666	555	444	编辑 | 详情 | 删除
5	123124	仓库5	张强	7777	666	222	编辑 | 详情 | 删除
6	124566	仓库7	张伟	666	333	333	编辑 | 详情 | 删除
7	156456	仓库8	张宇	888	444	333	编辑 | 详情 | 删除
8	343454	仓库9	张宏伟	999	444	444	编辑 | 详情 | 删除
9	567467	仓库10	张伟	999	677	555	编辑 | 详情 | 删除
10	789789	仓库11	张伟	555	333	222	编辑 | 详情 | 删除

图 5.13　应急指挥系统（应急事件管理）界面

在面对突发事件时，该系统为指挥长和参与指挥的业务人员和专家，提供各种通信和信息服务，提供决策依据、分析手段及指挥命令实施部署和监督方法，能及时有效地调集各种资源，实施灾情控制和医疗救治工作，减轻突发事件对居民健康和生命安全造成的威胁，用最有效的控制手段和少量的资源投入，将损失控制在最小范围内。

（1）应急事件管理。该功能将已处置的应急事件归档，便于用户查询、统计。

（2）应急通信录管理。该功能可对应急事件处置的相关人员的联系方式及基础信息进行管理。

（3）应急仓库管理。该功能主要用来管理应急仓库的基础信息及空间信息。

（4）应急资源管理。该功能主要用于对应急资源的基础信息进行管理。

（5）应急预案管理。综合管理系统平台与火灾自动报警系统、可燃气体报警系统、环境与设备监控系统、视频监控系统、入侵报警系统对接，当管廊内部有异常情况出现，触发报警条件时，系统分级显示报警级别、应急预案、应对方案与措施。

1）突发状况应对。当管廊内部发生紧急情况时，如有巡检或其他人员在管廊内，系统可自动启动应急疏散预案，管控中心将在第一时间通知管廊内人员马上进行逃生。

系统可模拟各种应急情况的发生，协助指挥调度或管理人员制定和优化各种应急预案。这些应急预案模拟可以用于日常员工培训，在虚拟环境下最大限度地模拟突发状况带来的各种破坏及影响，从而提高员工的安全意识、防范意识和突发状况应对处理能力。

2）非法入侵应对。系统通过和视频服务器相连获取管廊内各路摄像机的监控视频信号，并将历史视频或实时视频直接显示在管廊监控系统中。此外，系统通过智能视频识别技术实现管廊的非法入侵识别，当非法入侵发生时，与视频、定位自动联动，快速找到入侵点，提高工作效率，提升非法入侵防范能力。

紧急事件发生时，应急指挥系统可以根据适当的报警信息，提出各类救援方案和资源调度方案，帮助指挥中心对救援方案和资源调度进行果断、合理地决策，提高应急指挥的决策质量和应变能力。应急救援，为了快速地应对紧急情况需要设立救援团队，内容包括抢险队名称、主管部门、负责人、联系电话、救援种类，以及队内成员、救援物资清单。

5.1.10.4 BIM 运维管理系统

BIM 运维管理系统采用 BIM+3DGIS 形式进行管廊的运维管理，将综合管廊从设计、施工，到运维各个阶段的 BIM 模型接入到系统中，进行属性信息查询、剖切分析、双屏对比等，并将设备 BIM 模型数据和实时监测数据、视频监控数据进行连接，实现基于 BIM 的查询和精准定位，如图 5.14 所示。

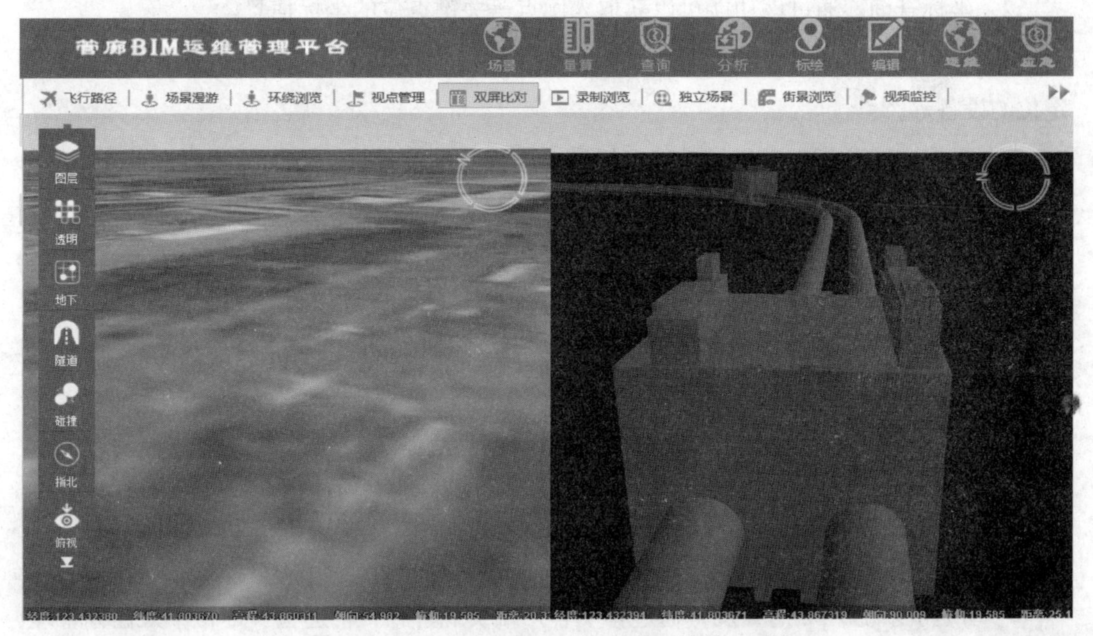

图 5.14　GIS+BIM（地上 + 地下）运维管理系统

BIM 运维管理系统包括三维场景的浏览、三维空间量算、设备 BIM 模型查询、三维空间分析及三维标绘等功能。

（1）三维场景的浏览。

1）飞行路径。通过该功能可以沿着管廊沿线模拟飞行，查看管廊沿线地表的地理情况。

2）场景漫游。通过该功能可以实现三维场景下的模拟巡检，查看相应的设备信息等。

3）断面管理。通过该功能，管廊管理人员可以快速定位关键的入廊位置三维横断面，避免复杂的平移、放大等复杂操作。

4）双屏对比。通过该功能可以实现地上建筑物与地下管廊分屏显示，便于查看管廊周边的建筑物及三维地形。

5）屏幕截图。通过该功能可以截取可视屏幕界面三维模型的图片。

（2）三维空间量算。

1）水平距离。通过该功能可以测量管线之间或者廊内任何两个点之间的水平距离。

2）垂直距离。通过该功能可以测量廊内任何两点的垂直距离。

3）空间量算。通过该功能可以查看空间两点之间的空间距离。

（3）设备 BIM 模型查询及三维空间分析。

1）属性查询。通过该功能可以查看管廊内设备、管线及廊体本身的属性信息。

2）坐标查询。通过该功能可以获取入廊点等关键点位的坐标信息。

3）坐标定位。通过该功能可以输入坐标快速定位到管线单位需要入廊的位置及需要定位的设备等。

4）入廊空间分析。通过该功能可以结合断面管理及量算、查询等功能，判断管线单位是否可以通过关键界面入廊。

5）剖切分析。通过该功能可以多方向、多角度地对廊体进行剖切，便于查看管廊的结构及管廊的各个界面。

6）挖方分析。通过该功能可以模拟地面开发、计算挖方量及开挖区域的管线或者管廊的分布情况。

（4）三维标绘。该功能模块包含模拟特效、应急疏散的标绘，用来模拟应急事件处置过程，便于应急事件真正发生时能够准确处置。

5.1.10.5 移动巡检系统

移动巡检系统 App 的开发，通过移动客户端实现管廊日常巡检、巡检个人任务管理、历史记录查看、设备控制、数据查看、巡检上报、检修管理、到岗签到、定向呼叫、台账查询等功能。

（1）巡检管理。通过智能巡检终端对管廊重点设备及设施进行点检和智能化巡检，主要功能如下：

1）设备点检管理。巡检人员针对重点部位和关键设备进行点检，也可以根据工作需要，执行一些临时安排的突击巡视、检查工作。

2）巡检任务执行。巡检管理人员可以实时跟踪巡检计划的执行和完成情况，巡检人员也可以及时记录巡检情况，上报隐患信息。

3）设备信息查看。通过移动端查看设备设施相关属性信息和技术参数等。

4）标准关联查询。巡检人员可在巡检过程中根据巡检对象的不同，关联查询相应的巡检标准和操作规程。

巡检管理界面如图 5.15 所示。

图 5.15　巡检管理界面

（2）设备控制。巡检过程中，在具备控制权限的情况下，可对巡检区域设备进行控制。

（3）数据查看。将报警信息、数据信息、设备状态等数据实时推送到移动终端，可以随时查看相关信息，以及与之相关的廊内环境信息、视频监控信息，使负责人能在第一时间内正确快速地处理。

（4）巡检上报。巡检上报可分为故障上报及检修上报两个功能。

1）故障上报。对巡检过程中发现的设备故障或巡检人员去现场确定的设备故障进行上报，对故障设备和设施缺陷进行拍照或录像，并对设备故障和设施缺陷进行描述，将故障记录上报平台，人工上报的故障要能体现在报警窗。

2）检修上报。现场检修完成后，通过拍照记录现场设备检修过程、检修结果，并对检修过程进行描述，将检修记录上报平台。

（5）检修管理。实现工程委托单实绩录入和查询；实现检修上报功能，现场检修完成后，能通过拍照记录现场设备检修过程、检修结果，并对检修过程进行描述，将检修记录上报平台。

5.1.10.6 平台管理系统

平台管理系统主要包括管线入廊管理、管线收费管理、能耗管理、绩效管理、隐患管理、档案管理、培训管理、费用管理等。

平台管理系统具备办公功能（OA 功能），可通过网页访问平台进行办公。办公管理（见图 5.16）系统具备以下功能：

（1）管线入廊管理。用户可以通过该模块发起管线入廊申请，相应的办公人员可以通过该功能对入廊申请进行审核。同时，该模块还支持审批流程的自定义，可以设置相应的表单、审批流程等，为办公运营提供灵活可配置的审批操作。

（2）公文收发管理。用户可以通过该模块实现重要公文的收发管理和快速流转。

（3）入（出）廊企业管理。对入廊及出廊的企事业单位进行详细的信息记录，如对入廊、出廊的企业名称、时间、位置等信息进行管理。

（4）费用管理。包括合同管理、租赁管理、入廊费管理、维护费管理等涉及费用的业务，运维公司可以清晰、准确地了解各阶段的费用缴纳情况，在方便收费的同时也为后期的财务管理提供便利。

（5）绩效管理。主要包括管廊绩效考核及内部绩效考核。管廊绩效考核包括管线业务考核、运营管理考核、维护管理考核、安全及应急管理考核、档案管理考核、社会责任考核；管廊公司内部绩效考核、出勤率考核、工作优劣考核、用户满意度考核，以及绩效的评价、奖励机制编制和查询。

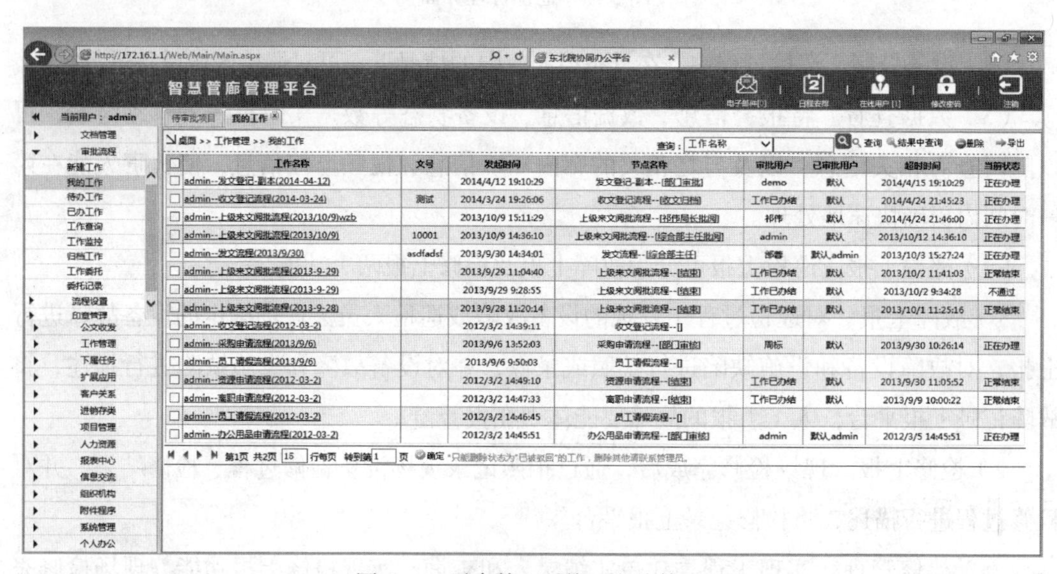

图 5.16 平台管理系统—办公管理

（6）档案管理。针对管廊不同阶段的文件进行归档管理，如前期设计的图纸文档资料和施工过程中产生的过程文件等，进行有效的电子化归档存储，便于日后需要时进行调阅打印等。

（7）系统管理。通过该功能对整个运维平台进行组织机构管理、用户角色权限管理、用户基础信息管理，以及各个子系统中所设计的词典参数的设置修改等。

（8）人事管理。将岗位的管理和人员角色挂钩，通过对岗位的职能权限管理实现人员角色管理，包括岗位管理、人员管理、考勤管理等。

（9）公文管理。在公文数量较大的情况下，具备优异的批量处理能力，提高上传下达的效率，包括发文管理、收文管理等。

（10）流程管理。对领导批办的业务实行跟踪督办，确保上级和本单位的重要决策、决定和全局性重要工作能更好地贯彻落实。流程管理包括督察立项、领导批示、分办、承办、延期、催办、反馈、审核、归档、查找等程序。

平台管理系统的设计包括日常办公、入廊作业申请、人员出入登记等模块，实现对管廊运营过程中的日志管理（见图 5.17）、管线单位入廊作业申请及管廊人员出入控制管理。建立综合管廊轮值班报表、出入人员登记报表、进出综合管廊流程报表等各类管理报表。

图 5.17　平台管理系统—日志管理

5.2　环 境 监 控 系 统

5.2.1　系统概述

环境监控系统主要对综合管廊内的气体、温 / 湿度、液位等参数进行监测和报警；对管廊内的可燃气体、氧气、硫化氢等气体浓度进行实时监测，保证进入管廊运维人员的安全；对管廊内的环境温度、湿度进行实时监测，同时联动风机控制单元，为管廊内设备营造一个健康的运行环境；对管廊内的集水井液位进行实时监测，同时联动水泵控制单元，保障管廊内设备安全运行。

设置在监控中心的控制主机可同时连接并管理多台环境区域控制单元，实时对各个环境区域控制单元进行在线监测，记录各传感设备状态数据，并利用诊断系统对设备的运行状态进行分析判断。当现场环境异常时，系统快速采集、处理故障数据，同时完成在线计算、存储、统计、报警、分析报表和数据远传等功能。

环境监控系统通过环境区域控制单元将气体含量（含氧气、甲烷、硫化氢）、温/湿度和爆管水位情况等上传到监控中心，同时对管廊内的通风设备、排水泵和照明设备等进行状态监测和控制，设备控制可采用自动或就地手动控制方式。环境监控系统架构如图 5.18 所示。

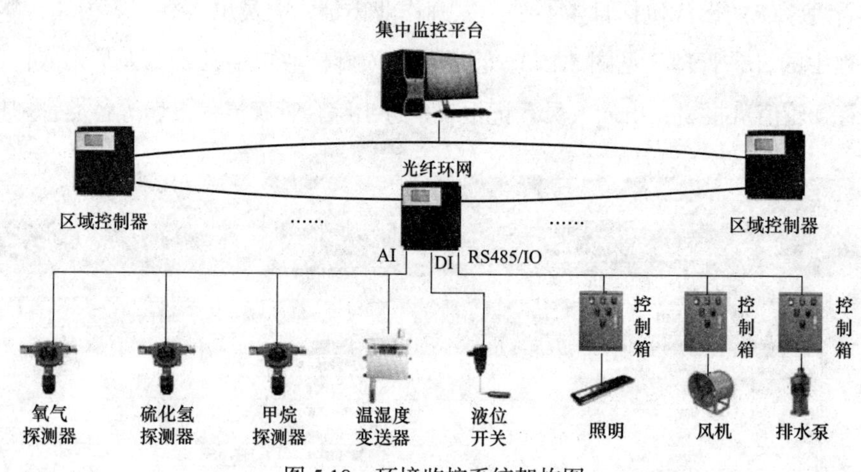

图 5.18 环境监控系统架构图

5.2.2 系统主要功能

（1）系统实时监测管廊内的氧气、甲烷、硫化氢等气体含量。当管廊内含氧量过低（低于 19%），硫化氢浓度过高（高于 $10mg/m^3$），甲烷浓度过高（高于 0.1%）时，监控系统进行报警并可联动该分区风机，强制换气，保障工作人员和管廊内设备的安全。

（2）系统实时监测管廊内温度、湿度状况，当管廊内温度（超过 40℃）、湿度过高（超过 90%）时，监控系统进行报警并可联动该分区风机，强制换气。

（3）系统实时监测管廊内集水井水位超限信号，并根据水位超限信息进行水泵控制操作，即当水位超过设定标准时立刻启动或者停止水泵。

（4）系统具备环境参量超标自动告警功能，通过监控平台以图形、语音、短信等方式进行报警，并通知相关人员。

（5）当监控工作员站（或集中监控平台）接收到非法入侵报警或者其他监测系统报警时，远程开启管廊现场照明设备，并联动摄像头进行确认。

5.2.3 系统设备设置原则

环境监控系统设备设置原则如下：

（1）在每个工作井分区设置环境区域控制单元，与监控中心环境接入交换机组成光纤环网。

（2）在每个分区每舱各设置1～2套气体探测器，包括氧气传感器、硫化氢传感器（仅水信舱）及甲烷传感器（仅燃气舱）。

（3）在每个分区每舱各设置1～2套温、湿度检测仪。

（4）在每个集水坑设置1套液位检测开关。

（5）在人员出入口设置温/湿度检测仪、氧气检测仪、硫化氢传感器及甲烷传感器。

（6）在逃生通道设置温/湿度检测仪、氧气检测仪、硫化氢传感器及甲烷传感器。

5.2.4 系统主要设备要求

5.2.4.1 环境区域控制单元

（1）环境区域控制单元对管廊现场环境监测数据进行集中管控、传输，集信号采集、本地控制、数据交换、远程联网于一体，可适应管廊内恶劣复杂的应用环境。

（2）环境区域控制单元所有输入、输出接口均采用隔离设计，满足电磁兼容性（EMC）工业4级的设计要求，并具有丰富的网络冗余特性，确保故障发生时快速自愈，关键数据优先处理，保证实时性；支持单环、双环、组网，满足高可靠性、实时性、复杂组网的工业网络的应用需求；支持RSTP/STP实现环网快速自愈，环网自愈时间小于200ms，能够与其他品牌的产品（支持RSTP/STP）混合组网，满足不同品牌之间兼容性组网的应用需求。

（3）环境区域控制单元将模拟量输入接口、数字量输入接口、数字量输出接口等端口集成在一起，集成度高，方便管理，主要具有以下功能：

1）集成AI、DI接口，实现对现场气体、温/湿度、液位等传感器的信号采集。

2）集成DO、RS485接口，实现对现场风机、照明、水泵等设备运行状态、故障信息的采集，以及对本地或远程控制设备进行启停。

3）集成千兆光口，实现工业环网应用。

4）告警日志及联动动作保存，方便事故原因追踪。

（4）环境区域控制单元支持便捷的安全管理功能，适用于工业场景下的运行维护。

环境区域控制单元须具有以下优势及特点：

1）稳定可靠的工业品质。

2）防护等级达到 IP67，防水、防尘、防腐蚀。

3）所有供电、信号接口采用隔离设计，抗电磁干扰、浪涌冲击，满足 EMC 工业 4 级的设计要求。

4）选用工业级元器件，工作温度为 -40～85℃，工作相对湿度为 5%～100%，凝露状态下能可靠运行。

5）全金属外壳设计，抗振动、抗冲击，满足恶劣条件下无故障运行需求。

5.2.4.2 检测仪表

（1）氧气探测器。

1）测量范围：0%～30%；精度：±3%。

2）工作电压：DC 24V（12～30V）；功耗：1.5W。

3）输出信号：4～20mA（三线制）。

4）彩色 LED 显示。

5）防护等级：IP66，铸铝外壳。

6）工作原理：电化学。

（2）硫化氢探测器。

1）测量范围：0～100mg/m^3，精度：＜±3%。

2）工作电压：DC 24V（12～30V）；功耗：1.5W。

3）输出信号：4～20mA（三线制）。

4）彩色 LED 显示。

5）防护等级：IP66，铸铝外壳。

6）工作原理：电化学。

（3）甲烷探测器。

1）测量范围：0%～100%，精度：＜±3%。

2）工作电压：DC 24V（12～30V）；功耗：1.5W。

3）输出信号：4～20mA（三线制）。

4）彩色 LED 显示。

5）防护等级：IP66，铸铝外壳。

6）工作原理：催化燃烧。

（4）氧气防爆气体探测器。

1）测量范围：0%～30%；精度：±3%。

2）工作电压：DC 24V（12～30V）；功耗：1.5W。

3）输出信号：4～20mA（三线制）。

4）彩色 LED 显示。

5）防护等级：IP66；防爆等级：Exd Ⅱ CT6，铸铝外壳。

6）工作原理：电化学。

（5）甲烷防爆气体探测器。

1）测量范围：0%～100%，精度：<±3%。

2）工作电压：DC 24V（12～30V）；功耗：1.5W。

3）输出信号：4～20mA（三线制）。

4）彩色 LED 显示。

5）防护等级：IP66；防爆等级：Exd Ⅱ CT6，铸铝外壳。

6）工作原理：催化燃烧。

（6）温湿度检测仪。温、湿度检测仪采用递推平均数字软件滤波与硬件电路滤波相结合的滤波方法，使外界对采样的干扰尽可能降到最低，全量程精度高、稳定性能强、一致性好、响应速度快。

1）供电电源：DC 24V（12～30V）。

2）输出量程：–20～50℃（可调）；工作相对湿度：0%～100%。

3）输出信号：4～20mA。

4）精度：温度不超过 ±0.5℃（0～50℃），相对湿度不超过 ±3%（5%～95%，25℃）。

5）防护等级：IP65。

（7）防爆温湿度检测仪。

1）供电电源：DC 24V（12～30V）。

2）输出量程：–40～50℃；工作相对湿度：0%～100%。

3）输出信号：4～20mA。

4）精度：温度不超过 ±0.5℃（0～50℃），相对湿度不超过 ±2%（5%～95%，25℃）。

5）防护等级：IP65；防爆等级：Exd ib IIC T4 Gb（仅燃气舱内设置）。

5.2.4.3 PLC 系统

（1）PLC 系统必须带独立 CPU 的控制器，采用模块化结构，包括 CPU 模块、电源模块、通信模块、I/O 模块和底板等部件。系统所有监控设备的检测及控制信号都直接接入 PLC 机架或扩展机架的 IO 模块、通信接口模块，PLC 系统不设置远程 I/O 站。

（2）所有 PLC 硬件应为同一品牌、同一系列标准产品或标准部件；所有模块应通过权威机构的安全认证。

（3）PLC 系统应具有先进性、开放性和可靠性，所选用的硬件设备应全部为合格、成熟、可靠的正规、定型产品；保证所提供的产品，在 10 年内不被淘汰或可以用同类型产品代替，并保证设备的兼容性。

5.2.4.4 液位开关

选用的液位开关安全可靠、使用方便、结构简单，比一般机械开关体积小、速度快，工作寿命长、安装方便，可以实时监控集水井内的液位情况。液位开关接线盒防护等级不低于 IP65。

5.2.4.5 设备控制

管廊的被控对象是风机、水泵等各种机电设备。环境与设备区域控制单元实时采集温度、湿度、氧气含量、有害气体浓度、集水坑液位等仪表检测数据，对风机和排水泵实现启停、状态监测、联动等操作，实现智能调节管廊环境工作。

1. 控制模式

管廊内的机电设备（风机、水泵等）具有三种控制模式，即现场手动模式、远程手动模式和自动模式。设备就地控制箱设有现场 / 远程转换开关，实现上述控制方式的转换。

现场手动模式：通过就地控制箱启停设备，优先级最高。

远程手动模式：在人机界面（HMI）上，手动操作实现设备启停。

自动模式：在远程手动模式下，由环境与设备区域控制单元根据现场设备的状态，自动控制机电设备的启停。

每个区间内的监控设备通过现场总线或者硬接线和环境与设备区域控制单元相连，进行通信和信息传输。

2. 风机控制

综合管廊设立正常、火灾、故障等风机运行模式。

风机控制可分为正常和异常（如火灾、事故）两种运营工况；在异常情况得到控制后，系统能迅速恢复正常的营运环境。

正常运营工况：排风机设就地操作按钮、排风机的温度或时间表自动控制、监控系统遥控三级，风机状态信号反馈至监控系统。

异常运营工况：当管廊内发生火灾时，由火灾自动报警系统联动其预先设置的紧急运行模式。

3. 排水泵控制

排水泵就地设置专用控制箱进行控制。设水位自动控制、就地手动检修操作两级，最高/最低水位报警信号、排水泵状态信号反馈监控系统。集水坑设置液位检测仪，以及液位开关检测最高和最低水位。

（1）现场手动操作。集水池旁设置水泵控制箱，对排水泵进行手动操作。

注：现场手动操作具有最高权限。

（2）远程手动操作。在工作站 HMI 上，手动启停排水泵。

（3）自动控制。根据集水坑液位等环境变量，当集水池水位超高限时，监控系统报警并自动启动区域排水泵；当集水池水位超低限时，监控系统报警并自动停止区域排水泵。

4. 照明控制

现场应急照明控制箱采用 DI/DO 接口，接入环境与设备区域控制单元，完成照明故障、运行状态、报警等信息监测，以及控制照明启动和关闭；综合管理系统平台与智能照明系统主机进行对接，实现平台对管廊及节点内部普通照明的控制。智能照明自动控制：当安全防范系统的入侵探测器报警时，自动打开及延时关闭相关区域的照明。系统检测到有人员进入管廊时，自动打开对应区段的照明；人员离开后，延时关闭区段照明。

5.3 安全防范系统

安全防范系统主要设计范围包括视频监控系统、入侵报警系统、出入口控制系统及在线式电子巡查管理系统。安全防范系统架构如图 5.19 所示。

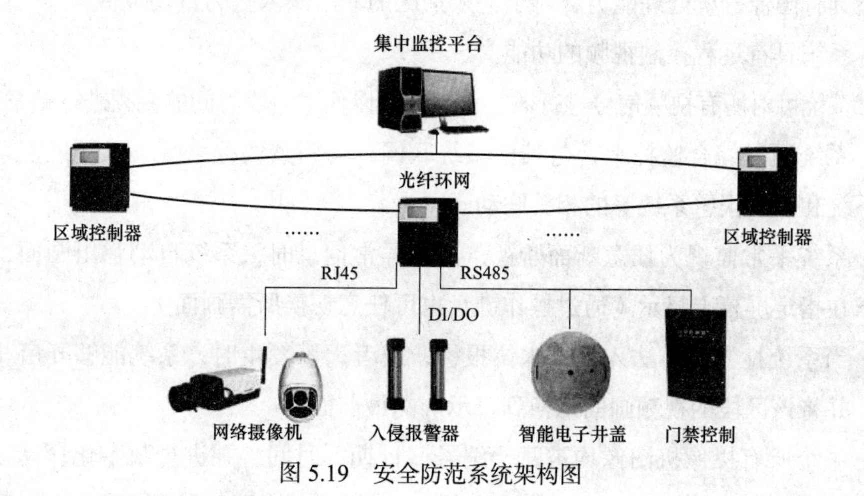

图 5.19　安全防范系统架构图

安全防范系统区域控制单元负责管廊每个控制分区中的安全防范设备接入和数据回传至控制中心，如网络摄像机、入侵报警器、声光报警器、智能电子井盖等监测设备。安全防范系统区域控制单元满足 IP67 防护等级和 EMC 工业 4 级特性，满足综合管廊应用环境要求。根据项目情况，提供多种接口类型的安全防范系统区域控制单元产品，以满足不同接入需求。安全防范系统区域控制单元产品的主要功能特点如下：

（1）IO 监控模块。满足现场入侵报警器、声光报警器和智能电子井盖等监测设备 IO 端口接入。

（2）EMC 防护。内置 IO、RJ45、RS485 等端口链路防护设计，满足 EMC 工业 4 级的认证要求。

5.3.1 视频监控系统

5.3.1.1 系统概述

视频监控系统能够对管廊内部环境、管廊出入口、设备间等重要位置处实时全方位的图像监控，使监控中心值班人员清楚地了解管廊现场实际情况，并及时获得意外情况的图像信息。视频信号通过超五类线传输至安全防范系统区域控制单元（距离超过 100m 采用光纤回传，增设防护箱和光电转换器），利用安全防范系统光纤环网将信号送至硬盘录像机 NVR。监控中心内可随时调取网络摄像机的实时视频信号和历史回放图像，并投放到大屏幕上显示。

5.3.1.2 系统主要功能

（1）系统具有视频监视与控制功能，能够对管廊内部环境、管廊出入口、设备间等重要位置处实时全方位的图像监控。

（2）系统除具有数字化视频监控系统自身的视频采集、存储、报警、联动等基本功能外，还具有图像分析处理能力，对于进入禁区的非法闯入行为自动报警。

（3）系统具有远程控制视频的功能。

（4）系统可对所有视频信号进行数字化存储，以便对一段时间的视频进行备案和查询。

（5）系统通过综合监控平台与其他系统联网，与门禁监控系统、入侵报警系统、应急通信系统和火灾报警系统等的相关联动。

（6）系统平常监视为任意断面监视，当有异常信息时，系统自动弹出画面，或根据人工要求在指定屏幕上显示（通过操作键盘也可任意切换所需画面）。

（7）当系统检测到非法入侵、水位报警，或者火警发生时，系统能够开启相应区段的照明，并将该区段的视频画面切换到显示屏的最前面。

（8）系统所有摄像机图像均被赋予编号、日期、时间，并进行数字化存储录像，回放图像分辨率不小于 1280 × 720，帧速不低于 25 帧 /s，在回放的同时不影响正常录制，图像保存时间不少于 30 天。

5.3.1.3 系统设置原则

在综合管廊内设备集中安装点，人员出入口、变配电间和监控中心等处设置高清网络摄像机（球机）。监控中心及分变电站分别设置低照度高清网络固定摄像机（数量根据项目情况确定），常规配置为每个控制分区单舱设置低照度高清网络固定摄像机（设备间、投料口、通风口和转弯等处根据实际情况设置），并且在监控中心设置硬盘录像机NVR（硬盘录像机选取根据摄像机数量、需要存储空间数量确定）。

5.3.1.4　系统主要设备要求

1. 视频监控录像机

视频监控录像机选用新一代网络视频录像机，它融合了多项专利技术，采用多项IT高新技术，如视音频编解码技术、嵌入式系统技术、存储技术、网络技术和智能技术等。它既可作为NVR进行本地独立工作，也可联网组成一个强大的安全防范系统，完全满足综合监控系统的使用要求。视频监控录像机的特点如下：

（1）支持单机应用模式、与IMOS平台级联应用模式。

（2）支持通过《公共安全视频监控联网系统信息传输、交换、控制技术要求》（GB/T 28181—2016）、ONVIF等多种标准接入业界主流厂商IP摄像机。

（3）支持通过GB/T 28181—2016等国家与行业标准，实现与业务调度系统的互通。

（4）支持D1、720P、1080P、3MP、5MP、8MP等多种分辨率的网络视频接入。

（5）具有完善的视（音）频处理功能，支持解码H.265图像压缩格式。

（6）支持丰富的视频监控业务特性，包括秒级检索回放、电子放大、组切等。

（7）支持丰富的告警及告警联动功能。

（8）支持即时回放功能，在预览画面下对指定通道的当前录像进行回放，并且不影响其他通道预览。

（9）支持最大16路1080P同步回放及多路同步倒放。

（10）支持标签定义、查询、回放录像文件。

（11）支持重要录像文件加锁保护功能。

（12）支持硬盘配额和硬盘盘组两种存储模式，可对不同通道分配不同的录像保存容量或周期。

（13）支持本地硬盘RAID0、RAID1、RAID10和RAID5。

（14）支持7×24h稳定运行，并且不易受到黑客、病毒的入侵和攻击。

2. 视频监控摄像机

视频监控摄像机选用高清红外枪型网络摄像机，主要为远程高清视频监控设计，适用于需要实时跟踪远端图像的监控场景。内置红外补光设计，满足超低照度监控应用要求。视频监控摄像机的特点如下：

（1）对焦精准，色彩真实。

（2）采用第三代红外补光技术，配合多级智能控制，补光距离不小于 100m。

（3）采用红外增透面板，提升红外透光率，有效抑制红爆现象。

（4）采用先进的 High Profile 级 H.264 编码算法，支持 H.265 图像压缩格式。

（5）具有三码流套餐能力，满足不同带宽及帧率的实时流、存储流需求。

（6）具有网络自适应能力，丢包环境下能提供有效监控。

（7）采用防水透气设计，增强防雾能力，有效保护精密元器件。

（8）采用智能温控技术，整机功耗更小，寿命更长。

（9）满足 IP66 防护等级及防爆要求（仅燃气舱）。

3. 网络存储磁盘阵列

（1）采用 48 盘位专业存储设备。

（2）采用 Linux 操作系统，64 位四核处理器，4G 内存，可扩展 128G 高速缓存（提供公安部检测报告）。

（3）支持同时进行 1600Mbit/s 视（音）频码流存储、1600Mbit/s 视（音）频码流转发、384Mbit/s 视（音）频码流回放；在转发模式下，可支持 4096Mbit/s 视（音）频码流转发。

（4）具有 5 个千兆 RJ45 网络接口，支持扩展 4 个千兆 RJ45 网络接口，或支持扩展 2 个万兆光口。

（5）设备具有 3 个电源模块、8 个风扇模块、1 个控制器模块，所有模块均支持热插拔，可不打开样机的外壳进行控制单元的插拔或更换。

（6）支持通过浏览器对设备中的硬盘进行固件升级。

（7）支持非法访问报警，当硬盘被非法访问时，可在浏览器上给出提示信息。

（8）支持录像数据恢复功能，当硬盘的录像索引区域被破坏导致无法查询并回放录像文件时，设备可重新建立录像索引区，使录像文件可被正常查询并回放。

（9）可对指定的录像文件或指定时间段的录像文件进行隐藏设置，被隐藏的录像文件应无法被查询到，当解除隐藏后可被查询到。

（10）支持在硬盘处于休眠的状态下，可查询录像文件（提供公安部检测报告）。

（11）支持多画面同时段录像同时回放和不同时段录像同时回放；支持网络下载录像速度不低于 90Mbit/s。

4. 管理服务器

（1）采用嵌入式 Linux 一体机，30×24h 稳定运行，支持 16 盘位。

（2）支持本地硬盘 RAID0、RAID1、RAID5、RAID6、RAID10、RAID50、RAID60。

（3）支持进 700Mbit/s、转 700Mbit/s、存 700Mbit/s。

（4）单机支持 1000 个 IP、3000 路通道。

（5）支持本级 20 个堆叠和上下 5 级的级联部署。

（6）支持光栅图、在线 / 离线 GIS 等多种地图模式。

（7）支持国内外各制造厂标准协议设备直接接入。

（8）支持行为分析、人数统计、人脸检测等智能化功能接入，并进行报警及报表等业务展现；支持前液晶板系统服务状态显示和系统基本参数设置。

（9）支持 B/S、C/S 客户端，以及 Iphone、Ipad、Android 等移动端应用；支持二次开发，提供平台 SDK 开发包。

（10）支持 7in 显示屏，方便操作控制。

5. 高清网络摄像机（球机）

（1）支持 23 倍光学变倍，16 倍数字变倍。

（2）支持 H.265 视频编码技术，实现超低码流传输。

（3）信噪比达到 55dB，实现宽动态范围监控。

（4）支持隐私遮挡，最多 24 块区域，同时最多有 8 块区域在同一个画面。

（5）具有宽动态效果，加上图像降噪功能，完美地展现白天 / 夜晚图像。

（6）支持软件集成的开放式 API，支持标准协议（Onvif、CGI、GB/T 28181），支持 SDK 和第三方管理平台接入。

（7）支持三码流技术。

（8）支持预置点、手动和全景等多种跟踪方式。

（9）支持手动跟踪和报警跟踪两种跟踪方式；支持穿越围栏、绊线入侵、区域入侵、物品遗留、快速移动、停车检测、人员聚集、物品搬移、徘徊检测多种行为检测；支持多种触发规则联动动作；支持目标过滤。

（10）支持人脸检测，支持单场景 / 多场景 / 全景设置，支持目标过滤和灵敏度设置水平方向 360° 连续旋转，垂直方向 −15° ～90° 自动翻转 180° 后连续监视，无监视盲区水平键控速度为 0.1° ～160° /s，垂直键控速度为 0.1° ～120° /s，云台定位可精确到 0.1° 。

（11）支持 300 个预置位。

（12）可按照所设置的预置位完成 8 条巡航路径，可设置 5 条巡迹路径，每条路径的记录时间大于 15min。

（13）内置 150m 红外灯补光，采用倍率与红外灯功率匹配算法，补光效果更均匀。

（14）支持（24±25%）V 宽电压输入。

（15）室外球达到 IP67 防护等级，6000V 防雷、防浪涌和防突波保护。

6. 高清网络摄像机（防爆枪机）

（1）视频输出支持 1820×720@60fps、1920×1080@60fps、1920×1080@50fps，分辨力不小于 1100TVL，支持 H.265 视频编码格式。

（2）可通过 IE 浏览器在视频图像上叠加通道名称、时间、预置点信息、温度显示和地理位置信息，具有 8 行字符显示，字体可设置为 16×16 像素、32×32 像素、48×48 像素、64×64 像素、自适应等模式，字体颜色可设置。

（3）支持最低照度可达彩色 0.001Lux，黑白 0.0001Lux。

（4）具备较好的环境适应性，工作温度范围可达 –50～70℃。

（5）具有双向语音对讲和单向语音广播功能。

（6）可识别距样机 250m 处的人体轮廓。

（7）在 IE 浏览器下，可设置电子防抖设置选项。

（8）在 IE 浏览器下，操作菜单具有简体中文、繁体中文、英语、德语、意大利语、法语、西班牙语、俄语、日语等设置选项。

（9）具备较强的网络自适应能力，在丢包率为 10% 的网络环境下，仍可正常显示监视画面。

（10）具有先进的防爆监控设备，云台护罩采用防腐蚀不锈钢 304。

（11）防爆标志：Exd IICT6 Gb/Ex tD A21 IP67。

7. 高清网络摄像机（红外枪式）

（1）采用高性能两百万像素 1/2.7inCMOS 图像传感器，低照度效果好，图像清晰度高。

（2）可输出 200 万像素 1920×1080@30fps。

（3）支持 H.265、H.264、MJPEG 视频编码格式，其中 H.264、H.265 编码支持 Baseline/Main/High Profile。

（4）支持网关绑定功能，支持 IP 地址与设备 MAC 地址绑定。

（5）最大红外线监控距离为 100m。

（6）支持走廊模式、宽动态、3D 降噪、强光抑制、背光补偿、数字水印，适用不同监控环境；支持 ROI、SVC、SMART H.264/H.265 视频编码格式，灵活编码，适用不同带宽和存储环境。

（7）支持虚焦侦测、区域入侵、绊线入侵、物品遗留 / 消失、场景变更、徘徊检测、人员聚集、快速移动、非法停车、人脸侦测；支持 DC 12V/POE 供电方式，方便工程安装；支持 IP67 防护等级。

5.3.2 入侵报警系统

5.3.2.1 系统概述

为防止人员入侵管廊，对电缆、管道等设施实施外力破坏，对能够供人员进出的地方进行监测，一旦发现有非法人员入侵，可以立即报警，从而保证管廊运行安全。

综合监控系统采用红外对射探测器，鉴别管廊现场“非法入侵”情况，联动现场声光报警器，同时其报警信号通过安全防范系统区域控制单元送入监控工作站，监控画面相应位置闪烁，并产生语音报警信号。入侵报警系统可以与视频监控系统联动确认“非法入侵”者的身份。

5.3.2.2 系统主要功能

红外对射探测器把人员是否进入的状态信息传输至安全防范系统区域控制单元，通过光纤环网将状态信息传输至监控平台，实现24h实时在线监控。当监测到人员入侵时，产生报警信号，管廊内及监控平台进行声光报警，软件界面弹窗报警，并同时定位报警点，提醒监控平台工作人员采取相应措施。

5.3.2.3 系统设置原则

在每个控制分区每个舱的投料口、通风口、人员出入口等处设置红外对射探测器及声光报警器，常规每个控制分区单舱配置6套红外对射探测器（数量以项目实际情况为准）。

5.3.2.4 系统主要设备要求

1. 红外对射探测器

红外对射探测器涵盖了主动红外入侵探测和声光报警功能。红外入侵报警器由主机和从机配对组成，构成一发一收的模式，工业级芯片保证产品可靠稳定。其要求如下：

（1）入侵探测和声光报警一体设计，降低初期投资和运维成本。

（2）IP67级防护认证，有效保障产品在雨水、污泥冲刷下正常工作。

（3）具有独立的布防、撤防选择功能。

（4）铝制外壳采用电泳处理工艺，耐新抗老化。

（5）雨污水导流沟设计，能有效地减少透光窗面污杂物的覆盖，减少误报、减轻维保强度。

（6）采用数字调制与解调技术、智能模糊逻辑分析算法和自动错码抗干扰技术，有效地降低了误报、漏报的现象。

2. 微波红外双鉴探测器

微波红外双鉴探测器要求如下：

（1）探测范围：12m × 17m。

（2）安装高度：2.1～2.7m，推荐高度为 2.3m。

（3）供电电源：DC 9.0～15V；典型 15mA，最大 17mA；交流波动：正常 DC 12V 情况下峰值为 3V。

（4）报警继电器：励磁 A 型；30mA，DC 25V，最大电阻为 22Ω；报警继电器持续时间为 3s。

（5）防拆开关：盖式和墙式（前后盖扣紧后防拆开关为动合状态）A 型；30mA，DC 25V。

（6）微波频率：10.525GHz。

（7）抗射频干扰：20V/m，10～1000MHz；15V/m，1000～2700MHz。

（8）抗白光干扰：典型 6500Lux。

（9）荧光过滤器：50Hz/60Hz。

（10）工作温度：-10～55℃。

（11）相对湿度：5%～93%，无冷凝。

（12）温度补偿：先进的双斜率温度补偿。

5.3.3 出入口控制系统

5.3.3.1 系统概述

出入口控制系统是新型现代化安全管理系统，集微机自动识别技术和现代安全管理措施为一体，涉及电子、机械、光学、计算机、通信等诸多新技术。它是解决管廊出入口实现安全防范管理的有效措施。

出入口控制系统由门禁管理平台、门禁控制器、读卡器、发卡器、非接触式 IC 门卡、门磁、电控锁、通信电缆等组成。门禁控制器采用网络信号传输方式，通过以太网主干网络接入监控中心，也可采用 RS485 通信方式，就近接入所在区域控制单元实现联动控制。系统具有开门权限管理、门卡挂失管理、非法闯入管理、双向读卡防尾随管理等功能，同时能通过监控中心综合管理平台与消防系统联动，接到消防系统报警信息后，门禁控制器自动打开所控制的门，方便人员逃生。为了让相关人员进入综合管廊出入口前，对本段管廊内的环境进行了解，在综合管廊出入口门禁终端加装双基色 LED 显示屏，实时显示管廊内环境信息，包括气体浓度含量和管廊积水坑水位状况等。

门禁管理平台可集成到管廊综合监控系统中，实现出入人员管控、联动模式管理等系统功能。

5.3.3.2 系统主要功能

出入口控制系统对监控中心和管廊出入口等处实施出入管理，强化管廊安全防范功能。主要功能特点如下：

（1）系统架构。联网状态出故障情况下可脱机运行，消防联动。

（2）通行方式。支持刷卡、密码、卡 + 密码、指纹识别、时段常开 / 常闭等通行方式。

（3）精准的权限控制。精准地控制任何人在任何时间点上，对任何出入口的通行权限及通行方式。

（4）实时监控。实时图文监控门状态及各类刷卡、警报等事件，具有视频监控、刷卡拍照、人像核对等功能，全面掌控门禁系统工作状态。

（5）读卡机防撬。非法拆卸读卡机将触动预设的报警。

（6）强行进入报警。未经合法认证暴力开门将触动强行进入报警。

（7）开门超时报警。门在正常开启后，必须在规定的时间内闭合，否则将触动报警。

（8）多种通信方式。具有 TCP/IP、RS485 多种通信方式，并实现混合组网。

5.3.3.3 系统设置原则

一般情况下，监控中心及进入管廊入口设置门禁系统（门禁数量根据项目实际需求确定）。

5.3.3.4 系统主要设备要求

1. 门禁控制器

采用国际先进水平的高速运算电路及 Flash 海量存储技术单片机设计，集处理、存储、通信功能于一块电路板，具有与通信口终端快速拆除相同的特点，软件监控每个接口的通信活动，选用记忆接口处理单元，可支持由上级站装入的微程序控制存储器。门禁控制器的具体要求如下：

（1）门禁卡持卡人容量：54000 张。

（2）事件记录存储容量：60000。

（3）报警容量：10000 条。

（4）通信方式：TCP/IP。

（5）通信距离：100m 以内。

（6）卡格式：最多 128 种卡格式。

（7）认证设备代码：8。

（8）实时时钟：区分时区，支持闰年。

（9）存储记录在掉电情况下至少 5 年内不丢失。

（10）以太网端口与 TCP/IP 网络连接，作为主控制面板。

（11）下游面板采用 RS485 多点连接。

（12）板载输入 / 输出：2 只读卡器，每个网关控制器最多可控制 62 只读卡器、8 个监控输入、4 个继电器输出。

（13）操作功能：胁迫检测，支持防反传。

（14）操作模式：卡、密码、卡 + 密码、软件、按钮、定时。

（15）非接触式 IC 卡的读写时间：≤0.2s；非接触式 IC 卡的读写距离：≥30mm。

（16）环境适应强：工作温度为 0～50℃；存储温度为 -55～85℃；湿度为 0%～85%，无凝结露。

（17）防潮设计，防护等级：IP65。

2. 读卡器

读卡器主要技术参数要求如下：

（1）韦根支持 W26、W32、W34 格式；支持 Mifare 卡识别，可读取 Mifare 卡号或 Mifare 卡内容；支持 CPU 卡识别，可读取 CPU 卡序列号和 CPU 卡内容；采用 DES、3DES 加密算法和 P-SAM 卡加密机制，强化系统设备安全性；支持在线升级，升级失败能够自动还原到升级前的状态；内置看门狗程序，能够检控设备的异常运行状态，并执行修复处理，确保设备长期运行。

（2）支持防拆报警功能。

（3）防死机电路设计，防浪涌保护，防错接保护。

（4）防潮设计，防护等级：IP65。

（5）符合国际标准的接线方式。

（6）耐低温、耐高温，传输距离最远可达 100m。

3. 发卡器

具有标准计算机 USB 键盘口；支持 Windows95/98/2000/XP/Win7 系统。

4. 门磁

门磁主要技术参数要求如下：

（1）支持 270kg（600lbs）以上静态直线拉力。

（2）内置反向电流防护装置（MOV）。

（3）适用于金属门、防火门。

（4）LED 指示灯显示门锁状态。

5. 电控锁

电控锁主要技术参数要求如下：

（1）具有上电自检功能，可自动正确处理断电到上电过程中引起的误上锁或误开锁动作。

（2）电信号触发开锁时，蜂鸣一声提示，自动开锁。

（3）开锁后，允许门处于虚掩状态一段时间（注：开锁时间视客户需求，可提供 1、3、6、9s 可调功能）。

（4）支持手动旋钮上锁 / 开锁、机械钥匙上锁 / 开锁，上锁 / 开锁受阻时能够智能判断处理。

（5）能够自动处理误上锁，门处于敞开状态，用旋钮开关使锁舌伸出时可自动回缩，保证关门时锁舌不与门框碰撞。

（6）具有故障报警提示功能，若内部挡光片不起作用，上锁 / 开锁过程锁舌将动作 5 次，蜂鸣 5 次。

（7）最后再报警长鸣 9s，9s 后可自动上锁 / 开锁（不影响锁体状态）。

（8）支持门锁状态信号反馈输出。

（9）具有上锁 / 开锁抗干扰功能。

（10）输入电压为 DC 9～18V，标准电压为 DC 12V。

（11）工作电流为 300mA（最大），待机电流为 10mA。

（12）磁感应最大距离为 10mm。

（13）具有通电上锁、断电开锁安全类型。

（14）具有触发型开锁信号（脉冲方式），信号电压：≥DC 5V，信号输入时间：≥10ms。

（15）上锁延时为 0.5s，开锁延时为 0.5s。

5.3.4 在线式电子巡查管理系统

5.3.4.1 系统概述

在线式电子巡查管理系统是考察巡逻人员是否在指定时间按巡逻路线到达指定地点的一种手段。在线式电子巡查管理系统是对管廊现场巡查行为进行记录并进行监管和考核的系统，是安全防范系统的重要组成部分，能有效地对管理维护人员的巡逻工作进行管理。系统巡检器通过通信系统 Wi-Fi 网络实时回传巡检记录，自动记录巡逻人员所到该位置的准确时间和位置名称。系统的统一管理平台汇总巡检数据，形成一份完整的巡逻报告。

5.3.4.2 系统主要功能

在线式电子巡查管理系统在管廊内安装巡查点卡，巡逻人员先在巡检机 App 软件录入个人信息，再到各点时用手持巡检机读取巡查点卡，由此将自己巡逻到该地点的时间记录到巡检机里。巡逻工作结束后通过通信系统把巡检机里的记录传给专用计算机软件进行处理，就可以得到巡逻情况（巡逻的时间、地点、人物、事件）。

5.3.4.3 系统设置原则

在线式电子巡查管理系统主要由巡检机、巡查点卡、巡逻管理专用软件组成。在综合管廊每个控制分区每舱内重点监控位置等处设置巡查点，巡查人员配备巡检机，对巡查点巡视检查并记录。

在每个控制分区重点位置设置巡查点，如设备间、人员出入口、投料口、防火门等。

5.3.4.4 系统主要设备要求

1. 巡检机

系统配置大约 10 台巡检机，所采用的巡检机需具备如下功能和特性：

（1）集合 GPS、NFC、3G、Wi-Fi、蓝牙为一体的智能三防巡检机。

（2）采用四核 1.3G 高速处理器 RAM：2G，结合 Android4.4.2 系统，保证电子巡查管理系统稳定运行。

（3）机身结构紧凑，保证整体机身达到 IP67 的防护等级。

（4）无须按键自动读卡，避免按键带来返修和产品寿命缩短。

（5）结合通信系统设置，接入 Wi-Fi 网络，利用专用 App 软件，巡检机具备实时语音通话功能。

2. 巡查点

巡查点卡具备如下特性：

（1）具有防水、防磁、防震功能。可安装任何地方，不受环境影响，可在管廊恶劣条件下可靠使用。

（2）高灵敏度，在保证刷卡距离的同时，减少巡检机的电源消耗。

（3）无源存储，无须供电，安装方便。

5.3.5 智能电子井盖系统

5.3.5.1 系统概述

针对非法盗窃井盖、非法进出井口等现象，专门设置了适应综合管廊的智能电子井盖系统，智能电子井盖具有手动、遥控、远程、外部钥匙开启等多种开启方式，紧急情况（如断电等情况）下可手动开启。

使用带远程通信功能的井盖控制器，系统可以通过远程通信方式实现监控中心对各井口状态的实时监控，各井口控制器实时监控井口状态，对非法开盖状况实时报警传给监控中心，监控中心接警后立即将相关资料显示于监控计算机显示屏，并提醒值班人员接警，用户还可以在监控中心实现对各井口的布防、撤防，方便维护、检修。

区域控制单元分别监测分区段内的各智能井盖，并将实时状况通过光纤网络汇集到核心交换机，通过核心交换机将数据存储到服务器的数据库中。监控终端会实时刷新数据，显示实时情况，当发现有异常情况时，进入报警模式。

综合管廊环境比较恶劣，凝露严重，且电力舱电缆繁多，电磁干扰比较大。针对这些特点，智能电子井盖严格遵循工业级设计标准，电磁兼容达到工业 4 级，防护等级达到 IP67。机械结构和电路设计稳定可靠，能够在综合管廊恶劣环境中长期稳定运行。

5.3.5.2　系统主要功能

系统对隧道井盖的开闭状态进行实时监测，对于非法开启、通信故障进行报警。系统具备以下功能：

（1）可以对进出隧道情况做全时记录，防止未经许可的人员进入电缆隧道。

（2）锁控井盖监测装置在系统断电情况下处于锁定状态。

（3）终端锁控装置应具有机械开锁钥匙。

（4）具备按时间、地点进行多种组合的权限设置。

（5）系统具备链路检测功能，定期对下位机及线路中的设备进行巡检，自动诊断链路故障。

（6）设备故障的显示和存档，在电缆状态监测主站系统对终端监测装置的各种故障进行显示，并自动存储系统数据库中。

（7）系统具备日志功能，以及锁控井盖监测装置的历史状态查询功能。

（8）锁控井盖监测装置具备电缆状态监测主站远程开启、现场手动应急开启功能；此外，还需具备无线遥控开启等功能。

（9）井盖锁定状态时需要对周围振动情况进行监测，判断是否有可疑的破坏行为发生。

（10）智能电子井盖防护等级须达到 IP68 级。

5.3.5.3　系统主要技术参数

智能电子井盖系统主要技术参数见表 5.2。

表 5.2　智能电子井盖系统主要技术参数

类别	技术参数名称	要求值
现场环境	温湿度	温度：-20～60℃，湿度：5%～98%
	防水等级	IP68
	抗压能力	15kN
	电磁环境	工业 4 级
	振动环境	运输过程不应振动

续表

类别	技术参数名称	要求值
外形及安装方式	井盖本体材质	玻璃钢
	锁体材质	304 不锈钢
	井盖尺寸	700mm
	设备安装空间	外井盖下 8～15cm
	装卸便捷性	外表简洁，没有过多连接
接口要求	接线形式	RS485
	通信协议	MODBUS 或自有协议
	信号传输距离	不小于 800m
	供电方式	18～36V
	功耗	静态不大于 100mA，动作不大于 1.5A
功能要求	外部钥匙开启	必备
	内部应急开启	无须工具
	遥控开启	遥控距离 1～3m
	远程开启	响应时间不大于 5s
	井盖倾斜报警	倾斜角度可设
	外井盖开启报警	灵敏度在 2s 内

5.4 通信系统

综合管廊通信系统采用有线 / 无线的方式，形成统一指挥、功能齐全、运转高效的应急机制，实现对各级用户进行统一调度，对突发事件的快速上报、迅速处置。通信系统主要包含光纤电话系统及无线语音系统，如图 5.20 所示。

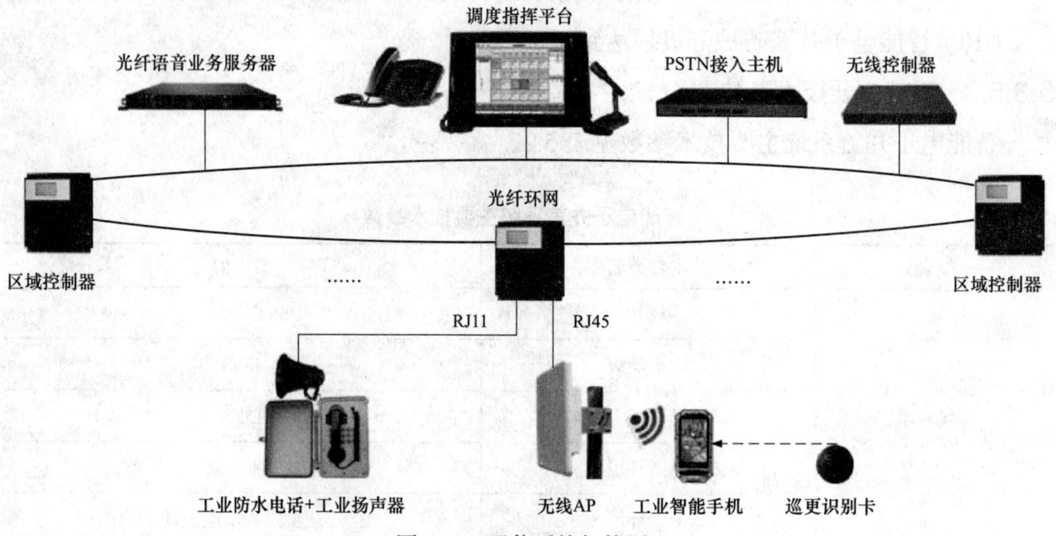

图 5.20　通信系统架构图

5.4.1 光纤电话系统

5.4.1.1 系统概述

光纤电话系统采用领先的 IP 技术，将音频、视频信号以数据包形式在局域网 LAN 上进行传送，系统提供电话、广播业务接入，实现远距离光纤网络传输。

5.4.1.2 系统主要功能

（1）监控中心可呼叫任一终端电话，附近的工作人员就近接听，也可通过任一终端呼叫监控中心。

（2）工作人员可通过任一现场终端呼叫其他区域终端。

（3）在接入公网情况下可实现现场终端电话与外网之间的相互呼叫、通话。

（4）当发生火灾、塌方等紧急情况时，监控中心可广播预设语音文件，及时疏散现场工作人员。

（5）系统具有号码配置、呼叫、中继、录音、广播、报警等功能。

5.4.1.3 系统设置原则

系统在监控中心配置光纤语音业务服务器、调度指挥平台、固定 IP 电话及光纤电话（PSTN）接入主机、语音业务主机、语音终端（或工业防水电话）等设备，在综合管廊每个节点井设置一台光纤语音业务接入主机，每舱配置 1 部工业防水电话或语音终端；每个设备间及分变电站各配置 1 台工业防水电话。

5.4.1.4 系统主要设备要求

1. 光纤语音业务服务器

光纤语音业务服务器基于软交换技术开发，硬件平台选用高可靠机架式服务器，RAID1 数据备份技术可提高存储可靠性，双网口备份。服务器用于调度系统内所有有线 / 无线语音终端，以及系统与其他管理平台信息的交互。服务器可选用集中式或分布式架构进行部署，方便应急通信系统远期扩容。

2. 调度指挥平台

调度台和调度软件是指挥人员的调度操作平台，选择专业的双手柄触摸屏调度台，调度台软件进行一体化调度，提高了调度操作的易用性和便利性；可视化图形调度界面，使调度用户的状态一目了然；一键式语音呼叫和视频调度，为用户提供了高效率的调度操作；多种配置资源，提高了使用灵活性并丰富了调度手段。调度台及其软件界面如图 5.21 和图 5.22 所示。

3. 光纤电话接入主机

光纤电话接入主机配有多种接口，能同时连接话机、宽带网络和电话外线，提供可

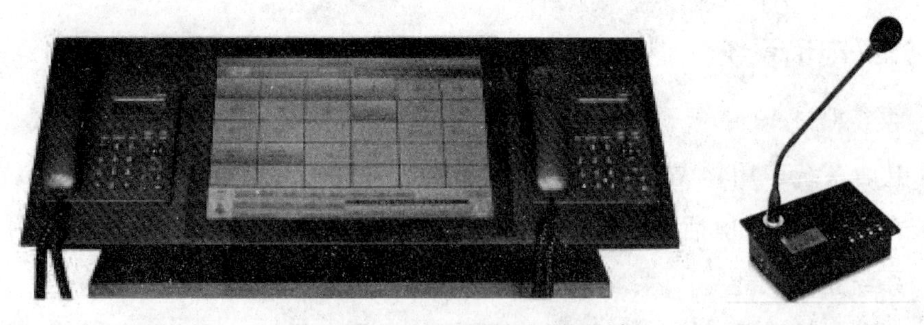

图 5.21 调度台示意图

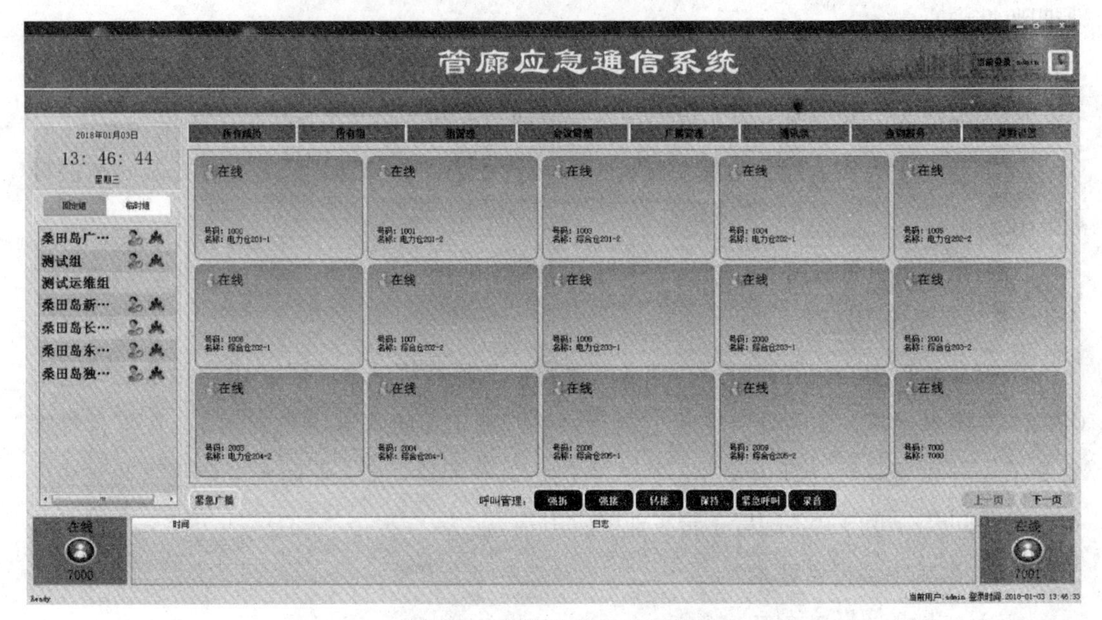

图 5.22 调度台软件界面图

靠、低成本、灵活多样的接入手段；具有功能丰富、操作简便、易于维护、互连互通等特性。

（1）呼叫控制协议。包括 SIP/UDP 和 SIP/TCP（RFC3261）、IMS 平台（3GPP）、MGCP（RFC3435）。

（2）语音编码。包括 G.711、G.729A、G.723.1、GSM、iLBC。

（3）传真。包括 G.711 透传传真、T.38 传真、兼容 G3 类传真。

（4）接口。包括 FXO × 8、FXS × 8、LAN × 1。

（5）语音功能。支持呼叫转接、呼叫转移、远程录音存储、号码位图等。

（6）安全性能。支持 SIP 信令加密和 PIN 码加密，DHCP 自动发现、手动配置 VLAN。

4. 语音业务主机

语音业务主机接入语音终端和无线 AP，与通信接入主机组成工业环网通信。主机集 A/D 转换、数据交换和远程联网于一体。主机所有输入、输出接口均采用隔离设计，满足 EMC 工业 4 级的设计要求，防水等级达 IP67，适应管廊内恶劣复杂的应用环境。

5. 语音终端

语音终端采用现代电子技术、数字降噪处理电路研制，具有高性能、高可靠性特点，防护等级在 IP65 以上，适用于管廊内环境。语音终端可内置功放模块，扩展支持广播功能。工业防水电话主要具有以下特点：

（1）话机外壳采用铝合金压铸而成，全密封结构，具有防水、防尘、防腐蚀的功能，防护等级达到 IP65 以上。

（2）键盘采用全密封带夜光轻触按键，并具有紧急呼叫、挂断和重播键。

（3）话机降噪采用数字化语音处理技术，在 100dB 的噪声环境下，通话语音清晰，背景噪声很小。

5.4.2 无线语音系统

5.4.2.1 系统概述

系统通过管廊内部无线信号覆盖，在手机上安装相应的 App 软件，结合光纤电话系统实现无线语音通话功能。系统基于国际标准的 Wi-Fi 网络为基础，采用先进的加密方式，保证无线传输安全可靠。

5.4.2.2 系统主要功能

（1）通过工业智能手机（预装 App），可实现无线语音通话功能，即可实现与现场电话终端、调度台等之间的相互呼叫。

（2）通过智能手机或人员定位卡可实时定位人员位置，监控中心可预设标签的移动轨迹，如果偏离或消失即告警，并且可对定位目标的历史运行轨迹进行回放和分析。

（3）当工作人员进入管廊时，电子地图定位与视频联动，能够随时跟踪监控工作人员，准确定位目标对象，在紧急情况下指导管廊现场人员及时疏散，确保人身安全。

5.4.2.3 系统设置原则

监控中心配置 1 台无线控制器，在综合管廊每个防火分区每舱（燃气舱设在逃生通道）每 200m 内配置 1 台无线 AP，分变电站配置 1 台无线 AP，管廊拐弯处考虑预留。网络借用安全防范光纤网传输，无线 AP 通过网线接入安全防范系统区域控制单元。

5.4.2.4 系统主要设备要求

1. 无线控制器

无线控制器业务类型丰富，集精细的用户控制管理、完善的射频资源管理于一身，并具有强大的有线、无线一体化的接入能力。

无线控制器基于业界领先的多核处理器架构设计，可提供强大的数据处理能力和多业务扩展能力，具有处理性能高、功能特性丰富等特点。与无线 AP 设备组成一体化集中式管理架构的无线网络系统，所有 AP 的管理、控制、配置任务都由无线控制器集中管控下发。无线控制器基于集群智能管理技术，对每个 AP 的射频环境进行实时监测、管控，从而实现 AP 功率、信道的自动调节及基于用户数或流量的负荷均衡策略，最大限度地减小对无线信号的干扰，使无线网络的负荷能力均衡、稳定。

2. 无线 AP

无线 AP 专门为恶劣的户外及工业环境而设计，可提供相当于传统 IEEE 802.11a/b/g 网络 6 倍以上的无线接入速率，发射功率可达 500MW，能够覆盖更大的范围。该无线产品上行接口可采用千兆以太网接口接入，使无线多媒体应用成为现实。无线 AP 主要要求如下：

（1）防护等级为 IP65，满足各类潮湿环境。

（2）采用标准 POE 供电，布局更简单。

（3）基于 IEEE 802.11n 标准、采用 MIMO 等技术，性能稳定，传输可靠。

（4）一体化智能管理，运维简单。

5.4.3 智能机器人巡检系统

设置智能机器人巡检试验段，无线信号覆盖系统为智能机器人巡检提供网络支持。机器人采用 Wi-Fi 网络与整套控制系统通信。通信系统保障机器人获得有效网络带宽，以保证智能机器人巡检系统所有的控制信号、视（音）频数据、现场传感器采集数据及报警信息等数据，实时可靠传输至综合管理系统平台。

机器人可集成智能避障算法和雷达探测装置，对固定障碍物及临时障碍物进行躲避；可自动控制防火门并能安全穿越防火门。

智能机器人巡检系统是集机电一体化、多传感器融合、导航、可视等多种高新技术于一体的复杂系统；采用自主或遥控方式，代替巡检人员完成管廊本体及附属设施的环境监测、数据上传、可视化巡检、警报确认等多项工作，既可节省人力提高效率，又可保障工作人员的人身安全。

5.5 火灾自动报警系统

5.5.1 系统概述

火灾自动报警系统由火灾探测及报警系统、可燃气体探测及报警系统、消防应急照明及疏散指示系统、防火门监控系统、电源监控系统、气体灭火控制系统、光纤感温系统组成，如图 5.23 所示。监控中心火灾自动报警主机与防火区间内火灾自动报警区域机通过单模光纤组成火灾自动报警通信网络，光纤通信网采用环网形式。

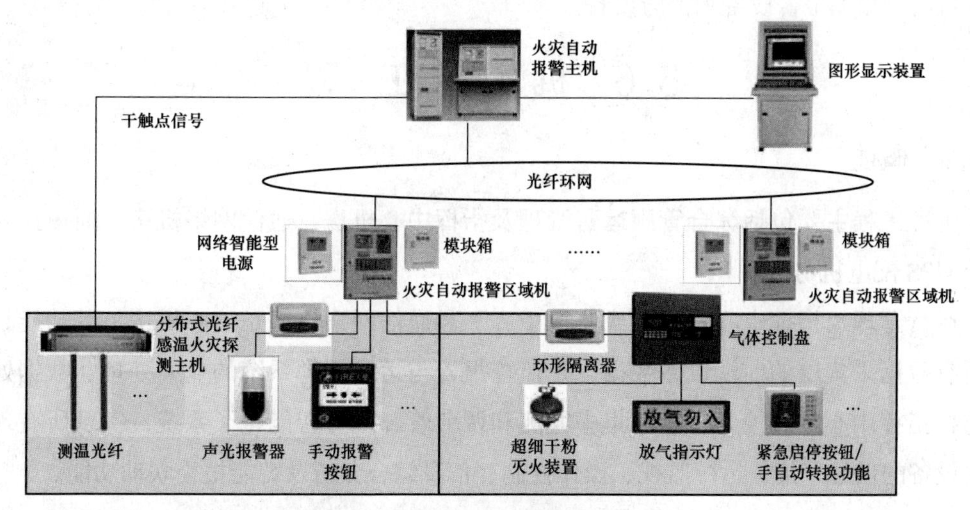

图 5.23　火灾自动报警系统架构图

管廊内采用分布式光纤感温技术对电力舱内部电力电缆桥架和管廊环境温度进行在线监测，对综合舱内部管廊环境温度进行在线监测。在电力舱和综合舱的顶部采用吊顶安装，桥架上高压电缆采用直线敷设方式。当发生温度异常或火灾时，测温光纤能够精确定位火灾发生的位置，分布式光纤感温火灾探测主机将实时温度、火灾发生位置、火灾自动报警信号输出至监控管理平台，监控管理平台将数据发送至火灾自动报警系统，由火灾自动报警系统完成相关的消防联动。

5.5.2　系统主要功能

（1）火灾自动报警功能。火灾自动报警系统接收到测温光纤的火灾监测信号或者手动报警按钮的报警信号，在综合管廊内部进行声光报警，以警示管廊内部的工作人员。系统同时在监控中心进行声光报警，软件界面弹窗报警，联动视频监控系统切换至火灾自动报警区域画面，警告监控中心工作人员采取相应措施。

（2）数据传输功能。监控中心火灾自动报警主机能够对综合管廊内火灾自动报警区域机传输火灾自动报警信号。

（3）手动报警功能。当综合管廊内部工作人员按下火灾手动报警按钮后，能够立刻在监控中心进行声光报警，并定位火灾发生点，警示监控中心工作人员采取相应措施。

（4）消防设备联动功能。系统具有自动控制和手动控制两种状态。在自动控制状态下，当光纤测温设备检测到火灾发生后，火灾自动报警系统能够自动启动事先编制好的消防预案，联动相关消防设备，关闭相应防火分区正在运行的排风机、防火阀及切断配电控制柜内的非消防回路，启动气体灭火装置。在手动控制状态下，能够经工作人员对火灾进行确认后，启动消防预案，联动相关消防设备。同时，工作人员能够通过操作紧急按钮启停相关报警设备和消防设备。

5.6 机房工程

5.6.1 概述

机房工程主要包括综合管廊运营管理及指挥中心机房、通信网络机房、通信接入机房及 UPS 配电机房。

运营管理及指挥中心机房（或监控中心）和通信网络机房是核心机房，其功能是接入所有数据采集层的前端设备数据，是监控报警与运维管理系统的业务处理、数据处理和监控指挥中心。监控中心能够集中监测和调节管廊所有智能化子系统，实现所有现场采集设备的信号采集、运行监视、操作控制、信息综合分析及智能报警联动功能。

综合管廊监控报警与运维管理集成平台设于监控中心机房，软、硬件主要包括显示系统、网络系统、服务器设备、UPS（不间断电源）等。

5.6.2 机房系统设计

监控中心和通信网络机房是核心机房，按 B 类机房标准设计与建设。

（1）配电及电气系统。配电：TN-S 方式供电系统，供电可分成市电、UPS 电两部分，机房内除精密空调、照明外均由 UPS 供电。

（2）UPS 电源系统。采用在线式 UPS，带旁路功能，配置 1 台 20kVA UPS，后备 60min 电池组。

（3）防雷接地系统。接地：保护接地、逻辑接地；防雷：三级电源防雷。

（4）精密空调系统。通信网络机房和监控中心机房设置两台专用精密空调，单台制冷量不小于 20kW。

（5）环境与设备监控系统。对机房设备及安全设备的环境实现集中监控，设置一套动环监控管理平台，可实现手机 App 或短信报警。

（6）机房布线系统。机房内弱电线路采用上走线模式，机柜间安装电缆桥架。

5.7 接地及安全

（1）工程保护性接地和功能性接地采用共用接地装置，并采用总等电位连接。控制中心、通信网络机房、弱电间内设有局部等电位连接箱（LEB），LEB 与总等电位连接箱及墙内接地预埋件之间采用 YJV-1×25 电缆或 40×4 镀锌扁钢可靠连接，接地电阻小于或等于 1Ω。

（2）进出管廊的各种金属管及电缆外皮均应采用 40×4 镀锌扁钢与等电位连接装置可靠连接。

（3）智能化系统室外管线引入机房处均安装过电压保护装置。

（4）智能化系统电源配电箱内均安装浪涌保护器。

（5）电气和电子设备的金属外壳、机柜、机架、金属管（槽）、屏蔽线缆外层、信息设备防静电接地、安全保护接地、浪涌保护器接地等均应以最短的距离与等电位连接网络可靠连接。

5.8 线路敷设及设备安装

（1）工程布线采用铜缆与光缆相结合的方式，其中光缆采用多芯单模光缆，铜缆采用六类非屏蔽双绞线，23AWG 线规，带十字隔离结构（CM 级）。

（2）干线采用封闭式金属线槽敷设。管廊层的弱电线路分两层敷设在电信电缆托架的下部，其中一层为消防线槽 SR200×100；另一层为安全防范线槽 SR200×100、通信线槽 SR200×100。支路采用热镀锌钢管敷设。

（3）各系统设备箱均安装在设备用房内，便于统一维护和管理。除注明外，明装设备箱距地 1.2m 安装，暗装设备箱距地 1.3m 安装。

（4）管线过伸缩缝做沉降处理，过防火分区的孔洞做防火封堵。线路暗敷设时，应采用金属管、可挠（金属）电气导管或 B1 级以上的刚性塑料管保护，并应敷设在不燃性结构层内，且保护层厚度不宜小于 30mm；线路明敷设时，应采用金属管、可挠（金属）电气导管或金属封闭线槽保护。矿物绝缘类不燃性电缆可直接明敷。

5.9 绿色节能措施

打造绿色节能型智慧管廊，可从两方面入手：一方面通过对能耗数据进行采集、分析，为运营能耗管理决策创造条件；另一方面通过对内部智能化系统之间进行必要的联动设计，在实现各智能化系统功能的同时，也可实现节约能源，提高管理效率。

该项目的智能监控报警与运维管理集成平台，通过环境与设备监控系统，将通风系统、排水系统、照明系统等纳入设备管理系统进行统一监控和管理，提高运行管理水平，实现建筑的节能运行，达到节能减排的目标。其主要表现如下：

（1）综合管理系统平台可对设备进行能耗监测、统计、分析，发现能源使用中存在的各类问题，为能耗优化提供辅助手段。

（2）照明系统和环境与设备监控系统进行联动，在开门时，打开照明；报警系统被触发时，联动相应区域摄像机的照明，在保证管廊安全运营的同时节约能源。

6 项 目 实 施

6.1 软件开发方式

1. 系统开发过程模型

城市地下综合管廊智慧管理过程模型采用反复增量模型。

2. 项目规划方式

城市地下综合管廊智慧管理的开发过程采用两阶段规划方式，即初步规划和阶段规划。两阶段内容分别占总开发进度的比例为 2∶8。

第一阶段，初步规划。主要解决系统上游问题，包括获取系统需求，具体确定项目规模和风险管理策略，以进行系统构架及系统阶段性总体规划。

系统需求的获取采用快速原型方式，通过用户的反复试用，确定系统用户接口风格和用户的系统需求规格（包括功能性和非功能性需求）。

在项目开发过程中进行变动控制，对系统开发的短期成果和阶段性成果列入配置管理，进行严格的变动控制，以保证系统需求的可跟踪性和项目计划的可控性。

第二阶段，阶段规划。完成系统下游开发任务，根据初步规划形成的需求规模和阶段规划，在每个阶段初期对该阶段子系统描绘该阶段的详细过程；建立详细的工作步骤，项目开发小组按工作序列进行该阶段子系统的细节设计、程序编码、检查测试、整合等开发任务；保证该阶段里程碑的顺利到达，并提交阶段子系统产品，由项目用户小组进行该子系统的试用，项目开发小组及时获取该子系统的用户需求反馈，将需求更新列入下一阶段的开发任务中进行反复开发，同时引入新的子系统进行阶段规划和开发；保证各子系统开发任务的顺利实施完成并充分满足用户需求。

系统成果采用阶段性提交方式，以子系统作为增量单位进行阶段规划，设立项目阶段里程碑，在达到阶段里程碑时提交完成的子系统产品，作为一次反复的完成。项目的反复次数和阶段里程碑根据初步规划结果确定。

每次反复开始时，由项目开发小组进行该阶段的详细规划并根据项目管理组和项目用户小组对已完成成果的试用需求反馈进行需求变动更新，对需求变动更新列入该阶段的反复开发中，同时增加新的开发内容列入增量开发。系统开发以用户需求为基线，通过反复增量使系统的开发重点按“需求—设计—实现—集成—提交”逐渐后移，以保证系统的顺利实施。

6.2 项目组织结构

城市地下综合管廊智慧管理建设是一项大型工程，需要大量的组织和协调工作，需要成立专门的部门或小组来组织和实施。同时，系统建成后，需要大量的维护工作，必须在系统建设阶段注重培养和锻炼，才能保证系统建成和投入使用后顺利运行。为了保证系统的成功实施，保证工程质量和进度，必须加强项目管理和组织的力度。项目组织采用如图 6.1 所示结构。

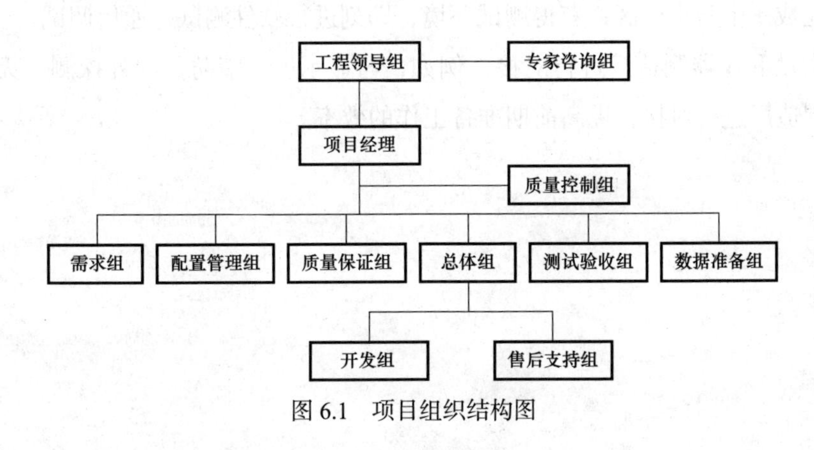

图 6.1　项目组织结构图

6.3 项目实施计划

城市地下综合管廊智慧管理是一项庞大、复杂，且有十分重要意义的系统工程。该工程涉及计算机技术与 GIS+BIM 技术的综合运用和数据资源储备与专业技术的有效利用，同时也涉及 GIS+BIM 工程的实施管理经验与信息中心现实条件的紧密结合。

6.3.1 工程实施计划的前提条件

1. 保障充足的人力资源

项目双方在工程实施前应充分地分析工程的工期、技术难度、工作量及可能出现的复杂情况，提供充足的人力配备计划。双方主要技术责任人应经常询问和检查工程的完成情况及资源使用情况，并及时补充和调整工程实施过程中所出现的资源短缺等问题。

2. 有效的项目管理与监控制度

根据 GIS+BIM 工程的管理方法和实施经验，城市地下综合管廊智慧管理工程将采用总体规划、分阶段操作、分子系统实施的办法进行控制。工程实施工作按照阶段计划、子系统开发计划和周计划来进行，并以周计划为基础进行布置、下达、检查和协调工作。

6.3.2 工程实施计划

1. 进一步的约束条件

（1）平台管理系统软件受机电深化设计的约束。

（2）通信协议接口开发受具体设备参数的约束。

（3）平台管理系统受具体办公人员和流程、实际办公单位的组织架构约束。

（4）移动巡检系统受网络通信方式的约束。

2. 加速进度的措施

（1）机电深化设计尽快定稿。

（2）完成一个防火分区，获得测试环境，即刻进行软件测试、通信调试。

（3）主动和仪器制造厂进行对接，例如，与显示屏、消防、红外探测、无线定位及机器人的制造厂进行对接，提高前期准备工作的效率。

7 智慧运维管理平台功能

管廊智慧运维管理平台主要由管廊监控系统、管廊管理系统、BIM管理系统和管廊办公系统四大系统组成，这四大系统相互协调工作，从廊内、廊外对管廊进行更加精细化、高效率、高水平的管理，如图7.1所示。

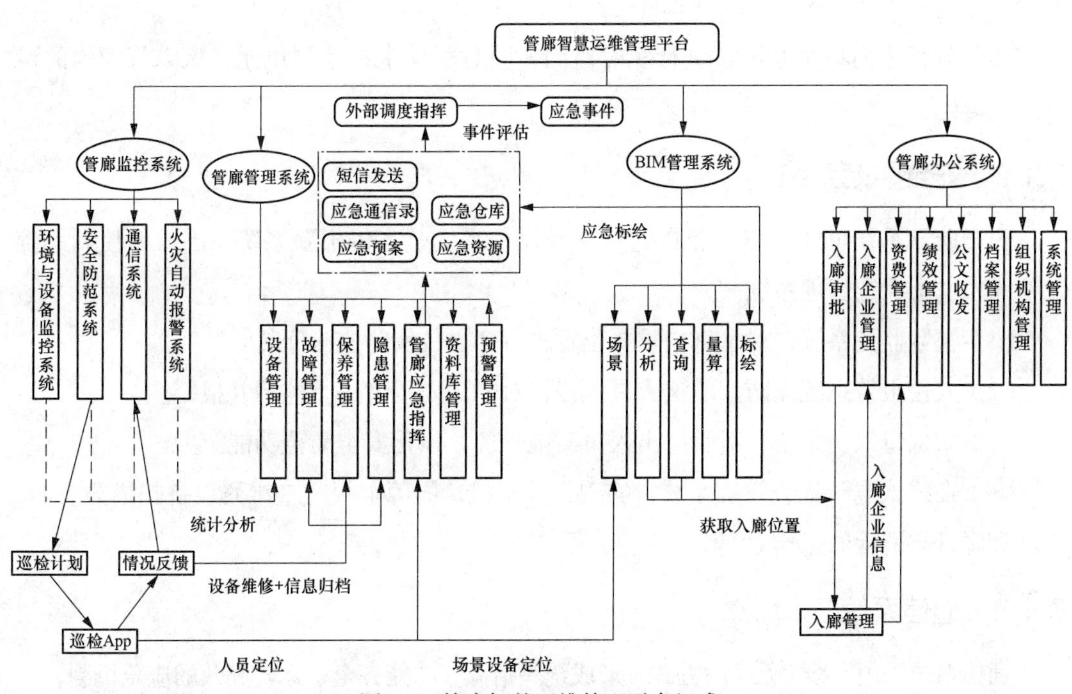

图7.1 管廊智慧运维管理平台组成

7.1 管廊监控系统

管廊监控系统是基于现代网络和通信技术，融合管廊各类信息资源，通过数字智能化手段，而建立的立体的、全方位一体化的综合决策和指挥系统，形成和具备精确指向和处理能力，迅速处置各类管廊突发事故，实现管廊本体与管廊附属设施管理，包含综合管廊运行状态显示、巡检运维状态显示、环境与设备监控系统、安全防范系统、电气系统、通信系统、机器人系统、火灾自动报警系统、可燃气体探测及报警系统等功能。

同时，综合管廊监控系统可对以上系统进行远程监测、操作和管理，并能提供监测数据、系统设备状态的历史数据的报表等信息。

7.1.1 环境与设备监控系统

环境与设备监控系统主要对综合管廊内气体、温 / 湿度、液位等参数进行监测和报警，为管廊内设备营造一个健康的运行环境，对管廊内气体、温 / 湿度、液位等进行全面监测，同时联动风机、水泵等设备。

（1）对管廊内可燃气体、氧气、硫化氢等气体浓度进行实时监测，保证进入管廊巡检人员的生命安全。

（2）对管廊内的环境温度、湿度进行实时监测，同时联动风机控制单元，为管廊内的设备营造一个良好的运行环境。

（3）对管廊内集水井液位进行实时监测，同时联动水泵控制单元，保障管廊内的设备安全运行。

7.1.2 安全防范系统

安全防范系统的主要设计范围包括视频监控系统、入侵报警系统、出入口控制系统及在线式电子巡查管理系统。

（1）视频监控系统。对管廊内重要位置进行全方位实时监测回传。

（2）入侵报警系统。防止非法人员入侵，对非法入侵者进行监测并报警。

（3）出入口控制系统。对管廊出入口实施管理，强化安全防范功能。

（4）在线式电子巡查管理系统。实现人员定位、故障上报、二维码设备扫描等功能，提高管廊日常巡检的工作效率。

7.1.3 通信系统

通信系统采用有线 / 无线的方式，形成统一指挥、功能齐全、运转高效的应急机制，实现对各级用户进行统一调度，对突发事件的快速上报、迅速处置，主要包含以下两个系统：

（1）光纤电话系统。采用的 IP 技术，将音频在 LAN 上进行传送，可提供电话广播业务接入，实现远距离光纤网络传输。

（2）无线语音系统。通过布置无线 AP 进行信号覆盖，在工业智能手机上安装相应的 App，结合光纤电话系统实现无线语音通话功能，同时实现人员定位、巡检。

7.1.4 火灾自动报警系统

火灾自动报警系统由火灾探测及报警系统、可燃气体探测及报警系统、消防应急照明及疏散指示系统、防火门监控系统、电源监控系统、气体灭火控制系统、光纤测温系统组成。监控中心报警主机与报警区域机通过单模光纤组成环形火灾报警通信网络。

（1）当火灾自动报警系统接收到测温光纤的火灾监测信号或手动报警按钮的报警信号时，在管廊内发出声光报警，以警示管廊内部的工作人员。

（2）系统同时在监控中心进行声光报警，软件界面弹窗报警，联动视频监控系统切换至火灾报警区域画面，警告监控中心工作人员采取相应措施。

7.2 管廊管理系统

管廊管理系统实现了管廊监测数据，历史预警信息的统计分析，并结合设备管理、故障管理、保养管理、隐患管理、资料库管理、预警管理，以及对突发事故的应急指挥等功能，为管廊的安全运维提供决策支持。

（1）设备管理。针对设备入库、设备安装、设备检修、设备报废、设备查询、设备变更等项目进行设备类型、生产制造厂、采购批次、日期、价格、设备状态、使用单位、安装地址等相关信息的记录与管理，并支持相关信息的实时查询与推送，实现管理智能化。

（2）故障管理。对设备故障、设备维修、设备大修计划等方面进行相应的信息、时间、位置、人员、任务、结果等综合信息系统化管理。

（3）保养管理。对设备保养的内容、计划、任务、监控、结果、费用等方面进行相应的信息、时间、位置、人员、任务、过程、结果等综合信息系统化管理。

（4）隐患管理。通过系统平台及巡检人员的综合监测，实现隐患报备、评估、整改、消除的智能化系统管理，并通过系统的隐患统计、实时掌握隐患多发区及多发设备，将安全放在首位，做到时刻防患于未然。

（5）管廊应急指挥。通过系统平台的综合指挥管理，对应急事件、应急通信录、应急仓库、应急资源等信息进行统筹规划整理分类，并提供各类事件的多样化应急预案，同时提供对人员的合理编制预案，保证应急工作的有序化、合理化、系统化、智能化，实现应急事件的最优化处理。

（6）资料库管理。以大数据的模式对资料库进行综合运维管理，实现资料储备、更新、分类检索等功能。

（7）预警管理。在预警管理界面，可对预警项目进行修改设置，达到全方位安全防范预警调控系统的协调与稳定。同时，对历史预警情况形成图表、报表、趋势图等形式来呈现，有利于监管者对全局的把控。

7.3 BIM 管理系统

成熟、智能化的综合管廊运维管理平台应该满足的功能需求有管廊运行信息的实时采集、有效的信息集成和分配、可视化的信息管理及自动安全监测与报警。针对以上功能，管廊采用BIM技术手段，将管廊规划设计的成果导入到BIM运维管理平台中，真正将设计、施工的成果运用到管廊的运维，采用三维可视化方式进行管廊精细化管理。实现管廊三维模拟巡检、入廊空间分析，以及关键点定位的全方位监控管理。

（1）场景。包括飞行路径、场景漫游（模拟巡检、查看设备信息）、断面管理（任意视角切入查看管廊运行情况及内部结构）、双屏对比（地上、地下双屏信息对比）、屏幕截图。

（2）量算。包括水平距离、垂直距离、空间距离、地表距离、水平面积、地表面积、空间面积。

（3）查询。包括属性查询、坐标查询、坐标定位。

（4）分析。包括入廊空间（廊内管线排布情况）、剖切分析（地上、地下无死角对比观察）、挖填方分析（管线空间排布、土方量计算）。

（5）标绘。包括动态特效（模拟火、烟、爆炸、喷雾、喷泉、喷泉组、小水枪、动态水面的效果）、应急标绘（人员逃生路线、集结地域标注）。

7.4 管廊办公系统

管廊办公系统针对运维公司日常工作，实现管线入廊、管线收费等功能，为管廊经营管理提供决策依据，实现监、管、控一体化的运维管理方案。

管廊办公系统包括档案管理、入廊审批、公文收发、绩效管理、入廊企业管理、资费管理、组织机构管理、系统管理等，重点实现管廊日常收费与办公审批。

管廊智慧运维管理平台通过四大系统的协调与联动，实现管廊本地设备的安全防范与监控、管廊附属设施的监控与报警、管廊应急指挥、管廊日常巡检、管廊工作人员的安全管理与监督、入廊管理与审批。将廊内管理与廊外管理相结合、管廊与城市管理相结合，实现人员精细化管理，大大提高了管廊管理的效率与水平，打造先进的管廊智慧运维管理体系。